嫦娥探月的故事

焦维新◎著

北京理工大学出版社
BEIJING INSTITUTE OF TECHNOLOGY PRESS

图书在版编目（CIP）数据

嫦娥探月的故事／焦维新著 . — 北京：北京理工大学出版社，2019. 4

ISBN 978-7-5682-6948-3

Ⅰ . ①嫦… Ⅱ . ①焦… Ⅲ . ①月球探索—青少年读物 Ⅳ . ① V1-49

中国版本图书馆 CIP 数据核字（2019）第 072810 号

出版发行／北京理工大学出版社有限责任公司

社　　址／北京市海淀区中关村南大街 5 号

邮　　编／100081

电　　话／（010）68914775（总编室）

　　　　　（010）82562903（教材售后服务热线）

　　　　　（010）68948351（其他图书服务热线）

网　　址／http://www.bitpress.com.cn

经　　销／全国各地新华书店

印　　刷／保定市中画美凯印刷有限公司

开　　本／889 毫米 ×1194 毫米　1/16

印　　张／8　　　　　　　　　　　　　　责任编辑／李慧智

字　　数／123 千字　　　　　　　　　　　文案编辑／李慧智

版　　次／2019 年 4 月第 1 版　2019 年 4 月第 1 次印刷　　责任校对／周瑞红

定　　价／39.00 元　　　　　　　　　　　责任印制／李志强

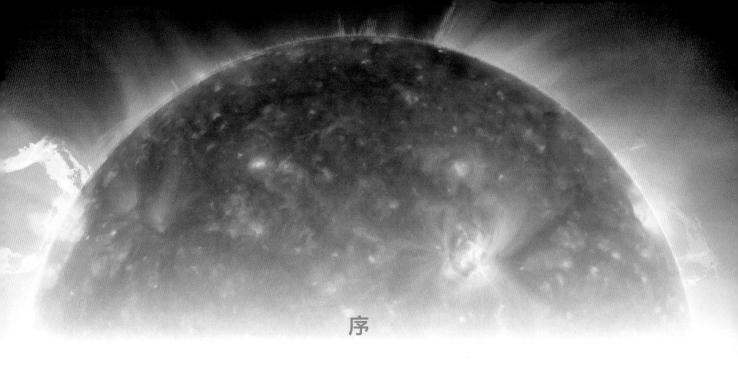

序

习近平总书记指出，探索浩瀚宇宙，发展航天事业，建设航天强国，是我们不懈追求的航天梦。经过几代航天人的接续奋斗，我国航天事业创造了以"两弹一星"、载人航天、月球探测为代表的辉煌成就，走出了一条自力更生、自主创新的发展道路，积淀了深厚博大的航天精神。

一个民族素质的提高与科普有很大关系。所以，尽管工作很忙，但我还是尽可能地在全国范围内，针对不同受众，其中也包括大量中、小学生，努力地开展航天科普活动。近几年来，围绕人类为什么要开展航天活动、中国空间技术的发展、中国的探月工程、小行星探测意义等主题，我每年平均要做20多场科普报告，深受听众欢迎。但只靠讲和听，受众还是十分有限，有的内容对小读者们来说也不太易懂、并不十分适合。为此，北京理工大学出版社策划出版了《小小太空探索图书馆》丛书，就是要把有关航天科普的内容和精彩生动的故事以更加有趣易懂的形式展现给更多的小读者。本丛书出版的初衷就是希望能够更大地激发青少年对太空探索的兴趣，对未知领域探索的兴趣，并向几代航天人的航天精神、科研精神致敬。

丛书第一辑共5册，邀请了来自中国空间技术研究院、中国科学院国家空间科学中心、中国科学院国家天文台、北京大学等单位的一线工作者、科普积极分子和优秀科普作家精心编写，力图语言简洁明快，图文并茂，并融入让静态图文"活"起来的增强现实（AR）技术，可以通过扫描二维码随手进入"视听"情景。丛书通过讲述嫦娥探月、火星及深空探测器、国际空间站和太空望远镜等国内外太空探索历程中耳熟能详且备受关注的话题，带领小读者们一同畅游广袤无垠的神奇太空：从月球传说到探月工程，人类由远望遐想变为实地探测；从第一个火星探测器的诞生到计划载人登陆火星，这期间有许多已经发生和可能还会发生的失败历程；从先锋号探测器到旅行者号，人类探索太空的脚步愈来愈远；从国际空间站计划到实际建成，中国宇航员在我国自己的空间实验室及未来的中国空间站中吃、住、工作与休闲的情景都将一一展现在小读者面前；从哈勃望远镜到韦伯太空望远镜，太空观测技术的进步让人类与浩瀚星海的距离不断拉近，终可更清楚地一睹它们的魅影……太空探索的道路是曲折的，也是神奇有趣的，更是有巨大意义的！当一个个未知的星体被发现，当一个个已知的难题被攻破，当一个个新的问题呈现眼前，那份自豪与兴奋是难以言表的。

星空浩瀚无比，探索永无止境。相信在不久的将来，天空中会有更多的中国星，照亮中国，也照耀世界。航天梦作为中国梦的一个重要组成部分，它的实现必然极大地鼓舞全国人民，激发民族自豪感，凝聚世界华人力量。希望本丛书既能满足小读者们了解航天新知识及其发展前景的渴求，也能激发小读者们对航天事业的兴趣，培养小读者们的科学探索精神。相信小读者们在阅读丛书的过程中一定会有所收获，并能产生对科学、对航天的热爱，这就是本丛书的价值所在。

愿《小小太空探索图书馆》丛书能成为广大小读者的"解渴书""案头书"和"枕边书"。祝愿小读者们能够在阅读中感受到更多的乐趣，同时得到更多的知识！

中国科学院院士

前 言

2010年退休后，我加入了中国科学院老科学家科普演讲团，到全国各地为大、中、小学生做科普讲座，最多时一年讲一百多场，其中大多数场次是面向小学生。孩子们天真、活泼和强烈的求知欲给我留下深刻的印象，特别是他们在互动环节争先恐后、课后追着我要求签名的场面使我很受感动。孩子们太可爱了，今后我能为他们的成长做些什么呢？

我曾经出版了大学本科生教材4部，为中学生写了20多部科普书。给孩子们做科普讲座后，我下决心今后花一些时间为他们写书。

我写书有个特点，先不与出版社联系，而是埋头写书，待自己对书的内容比较满意后再联系出版社。此次给孩子们写书也是这样，一口气写了三本。书稿基本完成后首先让老伴"审查"，然后征求儿子和儿媳妇的意见。可是，"第一轮审查"都没有过关，主要意见是过于强调知识性和严谨性，缺少"儿童文学"的气息。听了家人的意见后，我对书稿进行了认真、反复的修改，然后再让家人看。他们虽然肯定了进步，但还是不满意。于是我再对书稿反复推敲，特别是还让我的两个孙女（分别在小学四年级和初中一年级）当读者，听取她们的意见。两个孙女认真地看了全书，对爷爷的工作给予了肯定，她们说，挺好的，我们能看懂，还挺有意思的。到这时，我心里才有了谱，可以跟出版社联系了。

刚巧，北京理工大学出版社主动联系我，希望我能为孩子写一本科普书。于是，我把《嫦娥探月的故事》稍做修改后发给了他们，并得到肯定的答复。

《嫦娥探月的故事》是我为孩子们写的第一本科普读物。对于为孩子们写书，我仅仅是迈出了第一步，今后还要下更大的功夫。从为本科生和研究生写教材转变到为小学生写书，确实要经受不少挑战。现在只能说，决心已定，今后要为孩子们写更多、更好的科普读物。

焦维新

目录
C O N T E N T S

嫦娥探月的故事

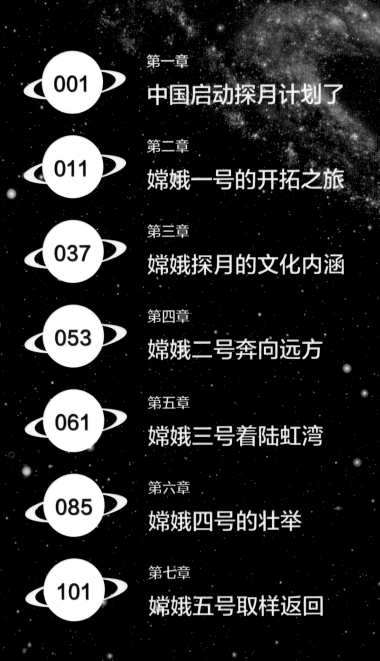

《嫦娥探月的故事》AR互动使用说明

① 扫描二维码,下载安装"4D 书城"App;

② 打开"4D书城"App,点击菜单栏中间扫码按钮
　，再次扫描二维码下载本书;

③ 在"书架"上找到本书并打开,对准本书带有　
页面画面扫一扫,就可以看到遥远的月球了!

CHAPTER 1

第一章

中国启动探月计划了

　　记得儿子小时候，就爱听我讲故事，那是在 20 世纪 70 年代初，媒体还不发达，家里连电视机都没有，消息也不灵通。如果是偶然讲一次故事，还有的可讲，可这孩子看我一有点儿空，就磨着让我讲故事，我讲些什么呢？现编，我也没那个本事，只能讲讲自己的亲身经历了。我的老家在黑龙江农村，那里山清水秀。春天，到处是鸟语花香，我在挖野菜时，可以欣赏美丽的野花，听各种野鸟的歌声。夏天，沼泽地野鸭成群，很容易就可以拾到野鸭蛋；在少凌河边垂钓，每次都收获颇丰。秋天的龙江大地，到处是丰收的景象。每到冬天，最令我高兴的是破冰捕鱼，虽然很辛苦，但给人带来的乐趣是无法形容的。

　　每当我讲起这些故事，儿子都听得出神。时间一长，我也增加了给孩子讲故事的经验。

　　现在，两个孙女也都懂事了，她们也知道爷爷是搞航天的，还经常到电视台做解说嘉宾，所以，一有空，就让我讲太空探索的故事，特别是嫦娥探月的故事。给孙女讲故事，我更有耐心了，不是有那句话吗：隔辈儿亲，孙女无论问什么问题我都不会烦。

　　在一个周末的晚上，又到了给孙女讲故事的时间。这次没等我开口，大孙女朵朵先提出了建议："爷爷，今天就给我们讲讲咱们国家为什么要探测月球吧。"

　　"好吧。不过，在我讲故事之前，我先问你们一个问题，月球是一个什么样的天体呀？你们对月球了解哪些知识？"

　　"月球的形状是变化的，有时像个大月饼，有时是月牙。"妹妹珠珠抢先回答。

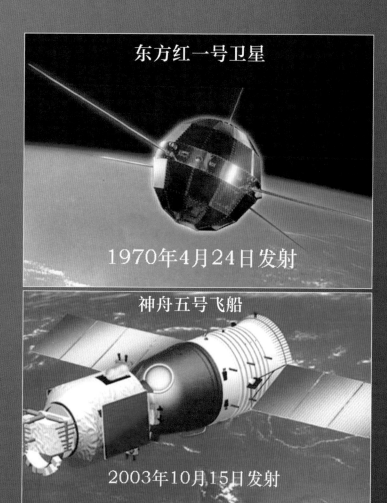

东方红一号卫星

1970年4月24日发射

神舟五号飞船

2003年10月15日发射

嫦娥一号卫星

2007年10月24日发射

中国航天事业的三个里程碑

"月球是地球的卫星，距离地球 38 万千米。我还听过神话故事嫦娥奔月；在一本书上，我还看到了美国曾经发射了阿波罗号飞船，航天员阿姆斯特朗是第一个登上月球的。"朵朵接着说。

"看来爷爷真应该给你们好好讲讲月球的故事了。不过今天只能开个头，详细情况以后会陆续地给你们讲。

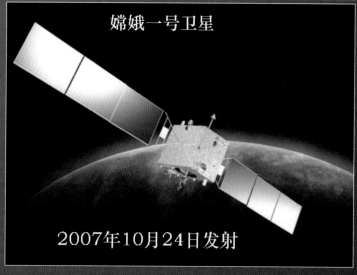

宇宙高歌东方红，神舟飞船游太空。
嫦娥计划去探月，全球瞩目中国龙。

中国载人航天空程标识

"刚才，朵朵提到了月球是地球的卫星。所谓卫星，就是围绕地球转的天体。人造的航天器称为人造卫星，月球是地球唯一的一颗自然卫星。月球虽然本身不发光，但由于个头比较大，距离地球也比较近，所以仅凭反射的太阳光，就相当明亮了。自古以来，人们就对月球充满了好奇，都想知道月球到底是一颗什么样的天体。自 1957 年人类进入太空以来，全世界已经向月球发射了 100 多颗探测卫星。"我接着说。

"好家伙，发射了那么多卫星。那探月到底对一个国家有什么好处啊？"珠珠问。

"探测月球对一个国家来说意义重大，我今天不展开说，就说三件事。一个国家的航天事业达到了什么水平以三件事作为标志：第一件事是发射人造卫星。你们都听说过人造卫星是怎么回事吧？我们国家是在 1970 年发射了自己的第一颗人造地球卫星东方红一号，这颗卫星还向全世界播放了《东方红》乐曲。到目前为止，我国已经发射了 200 多颗各类卫星。第二件事是开展载人航天，把航天员送入太空。咱们国家第一个上天的航天员是杨利伟，他是乘坐神舟五号飞船上天的。到目前为止，我国已经发射了 11 艘飞船，两个空间实验室。第三件事是开展深空探测，就是探测地球以外的天体，如月球、金星和火星等。我国现在才刚刚起步，除了探测月球外，我国还要探测火星、木星和小行星。深空探测将成为我国航天事业发展的第三个里程碑。"我进一步介绍说。

"什么叫里程碑呀？"珠珠问。

"里程碑的直接意思是路边标示里数的碑，但一般用来比喻历史上具有重大意义的事件。"我解释说。

神话故事《嫦娥奔月》

嫦娥飘然奔月球，深情回首望九州。

决心入住广寒宫，但愿此后无忧愁。

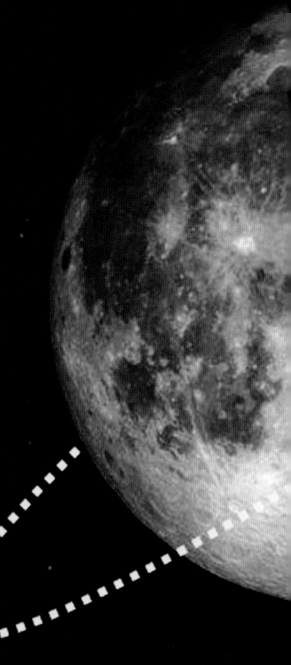

　　"啊，那探测月球还真重要。"朵朵说。

　　"那为什么把探测月球的活动叫嫦娥工程呢？"珠珠问。

　　"珠珠这个问题问得很好。给重大工程起一个有影响的、具有神话背景的名字，可以说是国际惯例。例如大家所熟悉的阿波罗载人登月计划，这个阿波罗，就是古希腊神话中最著名的十二主神之一太阳神。说起嫦娥，恐怕许多小朋友都不陌生，因为中国有一个古老的神话故事叫'嫦娥奔月'，这个故事可以说是家喻户晓，连小朋友都知道嫦娥和玉兔。用嫦娥给探月计划命名，会引起广大民众对中国探月活动的关注。爷爷在全国第三次月球探测研讨会（2001 年 9 月）上提交的学术报告中，就曾明确提出，为了使广大民众关注中国的探月事业，建议将我国的探月计划叫作'嫦娥计划'。"

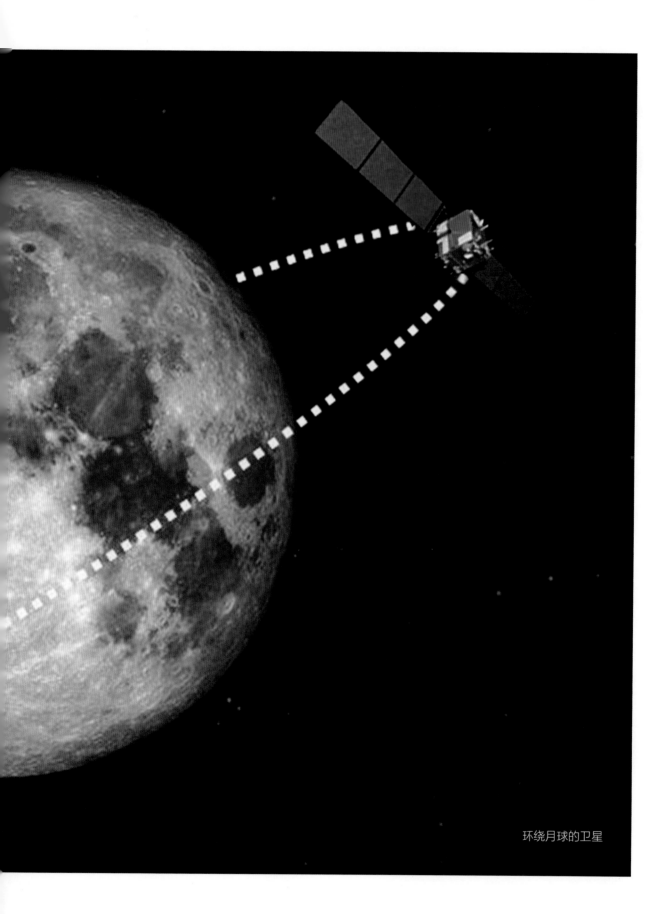

环绕月球的卫星

着陆器准备落月

"爷爷真行，那么早就提出了这个名称。"珠珠调皮地说。

"不管嫦娥出于什么原因奔向月球，但嫦娥与玉兔的故事，反映了人们对月球的向往。"

两个孩子关心的问题还挺多，问了什么叫里程碑，又问起探月工程的具体问题。

"爷爷，那探月工程都要做些什么呀？"朵朵问。

"你们这两个小精灵问的问题都很好，很有意义。"我夸奖起两个孙女。

取样返回

嫦娥三探广寒宫，环绕着陆返回京。

月球奥妙尽知晓，深空筑就航天梦。

"我国的探月工程分三步走：绕、落、回。第一步是绕。所谓绕就是环绕，也就是发射环绕月球飞行的卫星。这种方式有什么特点呢？由于卫星不断地围绕月球飞行，各种照相机和仪器指向月球，而月球本身也不断地自转，这样，在经过一定时间后，就把月球几乎所有的地方都观测到了，对月球的整体特征就有了全面的了解和认识。如月球的地形、地貌和资源分布就都知道了。这种方式也为第二步打下了基础。

"但我个人的观点认为，用'绕'这个字不够确切，因为这个字有多种含义。在我们日常生活中常说，绕弯子、绕过那座小山以及绕远等。新华字典上给出绕的含义有四种：（1）缠：绕线，缠绕；（2）纠缠，弄迷糊，绕嘴、绕口令；（3）走弯曲迂回的路：绕远，绕道，绕越；（4）围着转：绕场一周，围绕，环绕。我向全国第三次月球探测研讨会上提交的论文的题目是：对我国开展环月探测的建议。我一直主张用'环月'，而不是'绕月'。

"第二步是落。具体要落在什么地方，要探测什么内容，在环绕的过程中就解决了这些问题。在'落'之前一般关心两件事：一是着陆点是否安全，也就是有没有大的陨石坑、大的石块或陡坡。二是着陆区有没有研究价值。在月球表面实现软着陆不是一件容易的事，花了许多钱，费了很大力气，如果着陆区的科研价值不大，那我们的钱花得就不值当了。

"第三步是回，即取样返回。在前两步的基础上，选择最合适的地区着陆，选取最有研究价值的样品，并把这些样品带回地球，在实验室里用高级的科学仪器，对这些样品进行详细的分析研究，这样可以获得更多的科学成果。"

"嫦娥卫星携带了仪器吗？这些仪器能不能完成测量任务？"朵朵问。

"由于受重量以及观测条件的限制，卫星上以及月球车上所携带的仪器都比较简单，只能做些初步的测量，无法进行精密的、全面的测量，因此能获得的科学成果有限。而要进行这种要求的测量，只能把最有科学价值的样品返回地面，用实验室的高级仪器进行分析测量。"我回答说。

CHAPTER 2

第二章

嫦娥一号的开拓之旅

嫦娥一号卫星发射

对于中国的航天事业来说，2007 年 10 月 24 日是一个值得纪念的日子，因为我国在这一天发射了自己的首颗探月卫星——嫦娥一号。在这个特殊的日子，我本人心情格外激动，因为我作为特邀专家，在中央电视台演播室做解说嘉宾。

借助演播室的大屏幕，我和其他专家一起，详细地介绍了发射的每个环节、嫦娥一号的功能、目的和意义。

直播任务完成后，已经是晚上九点半。回到家里，朵朵还没有睡觉，一直等着我。见我回到家，立刻凑了过来，一定要让我讲今天直播的故事。我说："你看，马上就到十点了，明天还要上学。等明天晚上你完成作业后，爷爷再给你讲故事，好不好？"

"不好，我今天就要听。"朵朵非常拗。

"你不是已经看直播了吗？"

"我还要听直播幕后的故事。"

"爷爷一直在演播室，哪有什么幕后的故事？"

"那您除了在演播室外，还与主持人聊了哪些故事？"

"还与主持人聊了未来的月球车。"我告诉朵朵。

"月球车？现在咱们国家已经有月球车了？"

"是的，月球车的样机已经研制出来了。"

"真的？！那我有个问题，如果将来月球车登上了月球，一不小心摔个跟头，自己能不能爬起来呀？"

"那可不能。不过，月球车有避免摔跟头的本事，它身上带有多种相机，一边走一边看，如果有块石头太大，自己越不过去，就会绕个弯儿过去。不是有那句话吗：惹不起还躲不起？"

朵朵听得入了神，在妈妈的再三催促下，才去睡觉。

在嫦娥一号卫星发射后大约 1 个月的晚上，全家人正在吃饭，朵朵突然喊了一声："爷爷快看，电视里公布嫦娥一号发回的图片了！"

这时，全家人的目光都投向了电视，电视里正在播送国家航天局向全球正式发布嫦娥一号卫星拍摄的第一张月面图片的消息。

"嗯，很好，非常清楚。"我自言自语地说。

"爷爷，月球表面为什么有那么多坑啊？"

"这叫陨石坑，在月球表面，直径在 1 千米左右的陨石坑就有 33 000 多个，直径大于 1 米的陨石坑总数高达 3 万亿个。"

"好家伙，这陨石坑也太多了，都是谁发现的呢？"

"绝大多数是由探月卫星发现的，也有一些是天文爱好者用地面的望远镜发现的。"

"这些陨石坑有名字吗？"

"你这个孩子，问这个问题有啥意思，快吃饭。"朵朵的妈妈说。

"其实朵朵问的这个问题是挺有意思的，许多陨石坑都有了名字，其中还有以中国人的名字命名的。"

"真的？都有哪些中国人的名字啊？"朵朵更加兴奋起来。

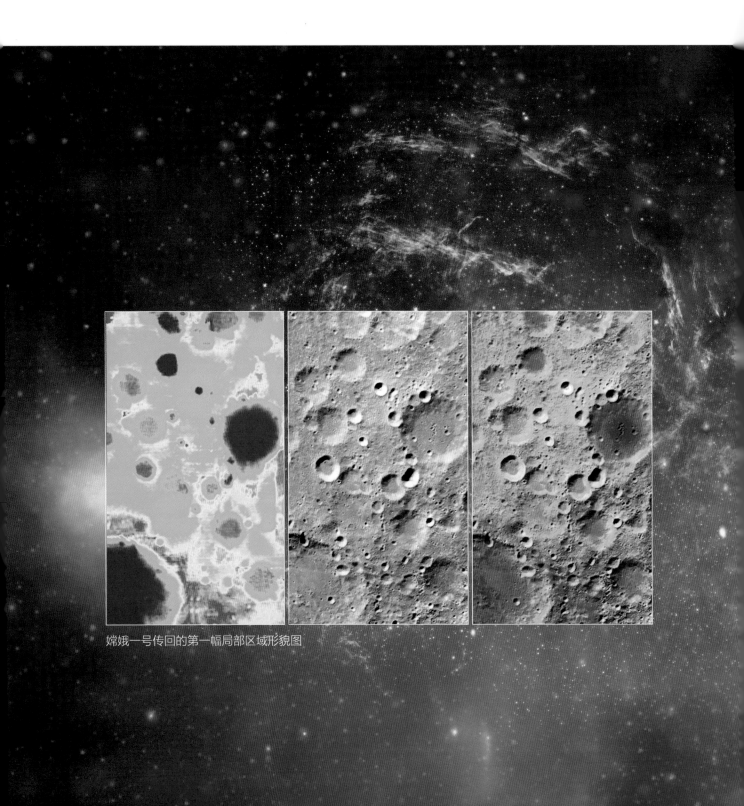

嫦娥一号传回的第一幅局部区域形貌图

AR 技术模拟的月球上的陨石坑

满目萧然遍地坑，茫茫月海水无踪。

纵有吴刚难酿酒，嫦娥后悔到月宫。

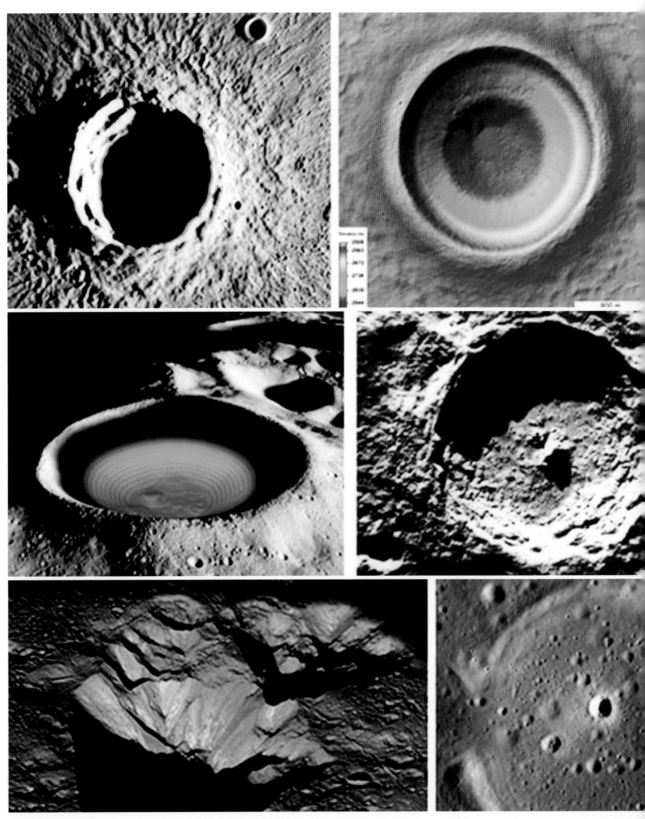

不同形状的陨石坑

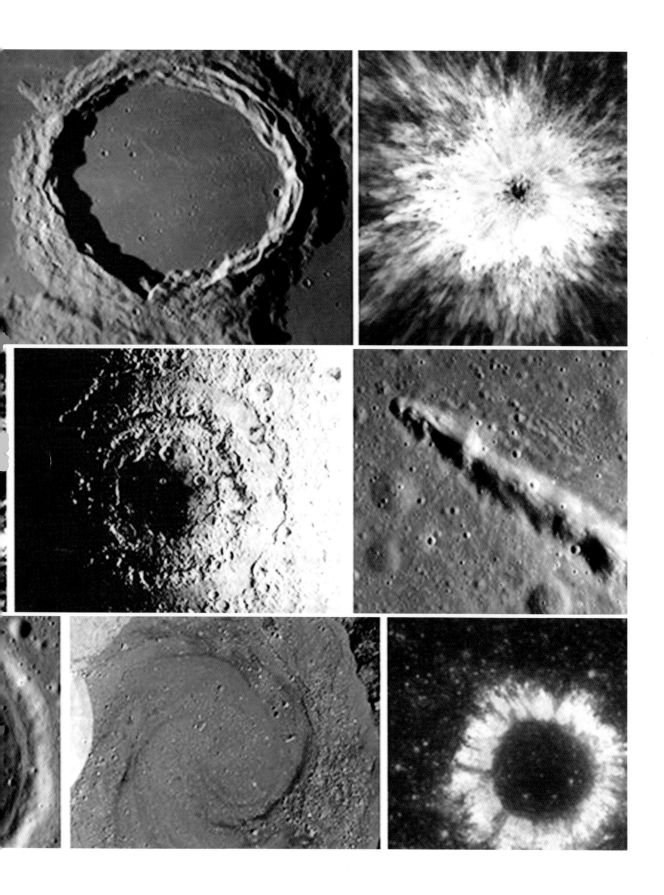

"最早以中国人名字命名的陨石坑叫作'祖冲之'。祖冲之（429—500 年）是我国杰出的数学家、天文学家、文学家、地质学家、地理学家和科学家。"

"1970 年，国际天文学联合会以 4 名中国古代科学家和发明家郭守敬、石申、张衡和万户的名字命名了月球上 4 个陨石坑（环形山）。"

"这 4 个人都是干什么的呀？"朵朵问。

"这 4 个人在中国历史上那可是赫赫有名的，爷爷先介绍郭守敬。

祖冲之

郭守敬纪念馆

（位于北京市西城区德胜门西大街甲 60 号）

　　"郭守敬是元朝著名的天文学家、数学家、水利专家。他设计和监制了 12 种天文仪器，编写了 100 多卷天文历法著作，还负责修治元大都到通州的运河。这条河全长 82 千米，建坝湖 11 处，计 20 座，取名通惠河。你看，郭守敬真不愧是一名伟大的科学家吧？"我接着说。

　　"真了不起，这样的科学家确实值得纪念。除了用他的名字命名月球陨石坑外，郭守敬还获得哪些荣誉呀？"珠珠问。

"后人为了纪念这位伟大的科学家，给了他许多荣誉。1977 年，国际天文组织将太空中的一颗小行星命名为郭守敬星；北京人为了纪念他对北京的贡献，在北京后海北岸建立了郭守敬纪念馆；宁夏人为了纪念他在西夏治水的功绩，建了郭守敬祠堂；1984 年，河北省邢台市建立了郭守敬纪念馆；2010 年 4 月 17 日，中国科学院国家天文台兴隆观测站的 LAMOST 望远镜正式更名为郭守敬望远镜。"

"一个陨石坑引出这么多故事，郭守敬太伟大了！"朵朵感叹地说。"万户飞天的故事我倒是听说过，但万户究竟是一个什么人物啊？"朵朵接着问。

"万户飞天是我国民间流传的故事，讲述的是在明朝时期，一个名叫万户的官员，为了实现自己的梦想，坐在绑了 47 支火箭的椅子上，手里拿着风筝，设想利用火箭的推力，飞上天空，然后利用风筝平稳着陆。不幸火箭爆炸，万户也为此献出了生命。"

万户飞天

万户飞天美名传，惊心实践令人叹。

航天始祖是公认，民众仰慕万户山。

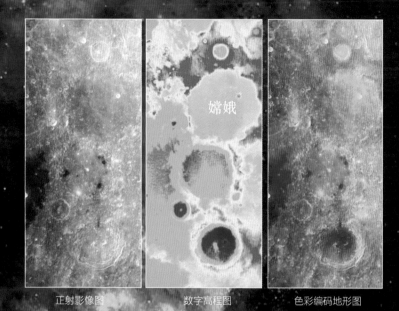

正射影像图　　　　　数字高程图　　　　　色彩编码地形图

嫦娥陨石坑

正射影像图　　　　　数字高程图　　　　　色彩编码地形图

万户陨石坑

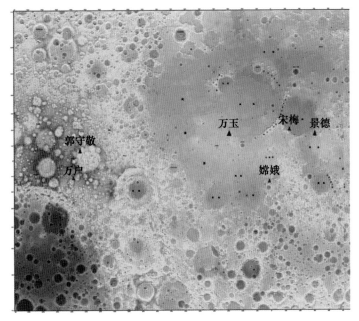

月球上以中国人命名的部分地理实体

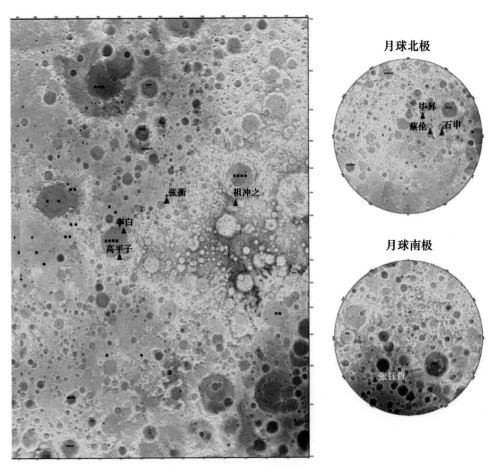

月球上以中国人命名的部分地理实体（续）

"目前，只有火箭才能把人送上太空。以此为标准，最早尝试火箭飞天的应是约 600 年前的万户飞天。西方学者考证，万户是世界上第一个想利用火箭飞行的人，为整个人类向未知世界探索的进程做出了重要的贡献。"我向朵朵讲述了万户飞天的故事。

"这个万户真了不起，为了实现飞天的梦想，把生死都放在了脑后。"朵朵感叹地说。

"以中国人名字命名的月球特征还有许多。例如，1976 年，国际天文学联合会又用四个中国人名字命名了两个陨石坑和两个月溪，分别是嫦娥陨石坑、景德陨石坑、宋梅月溪以及万玉月溪。1982 年，我国现代天文学家高平子的名字也出现在月球上，月球正面的一座环形山命名为高平子环形山。2010 年，月球上又增加了 3 个以中国人名字命名的陨石坑，他们是蔡伦陨石坑、毕昇陨石坑和张钰哲陨石坑。自 1961 年祖冲之的名字出现在月球上至今，已有 18 个中国名称被用于命名月球上的各种形貌，其中撞击坑 15 个（不含卫星坑）、月溪 2 个、着陆点 1 个。另外，在 2016 年 1 月 4 日，国际天文学联合会正式批准了中国嫦娥三号着陆区 4 项月球地理实体命名。其中嫦娥三号着陆点命名为广寒宫，紫微、天市和太微是紧邻嫦娥三号着陆点周边区域三个较大的撞击坑。这样，以中国元素命名的月球地理实体达到了 22 个。"我补充说。

"什么叫月溪呀？"珠珠问。

"月溪是月球表面上的一些大裂缝，弯弯曲曲绵延数百千米，宽达几千米，看起来很像地球上的沟谷，这种地貌类型中较宽的被称为月谷，较细长的被称为月溪。"

"哦，月球上的名堂还不少呢。月球上还有什么呀？"珠珠问。

"多着呢，像月弯、月沼、海角、山谷、峭壁、月湖、月海、山脉、平原以及洞穴等，总之，地球上有的，月球上几乎都有，但不管名称如何，就是没有液体水。"

孩子和大人关心的问题是不一样的，大人关心探测月球的一些科学问题，而孩子们的兴趣点是一些传说中的有趣问题。有一天，孙女珠珠又问我一些关于月球的问题。

"爷爷，听人说月球暗面有外星人建立的基地，这次嫦娥卫星能看到这个基地吗？"

"我先要纠正你一个说法，月球可以分为正面和背面，正面是朝向我们地球那一面，背面是背向地球那一面，因为月球始终有一面朝向地球，我们在地球上是永远看不到背面的。但不能叫它暗面，这么一说，好像另一面永远是黑暗的，其实不是这么一回事，月球背面也有黑天和白天。"我给珠珠解释。

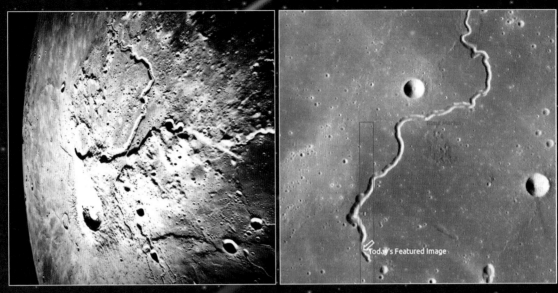

典型的月溪

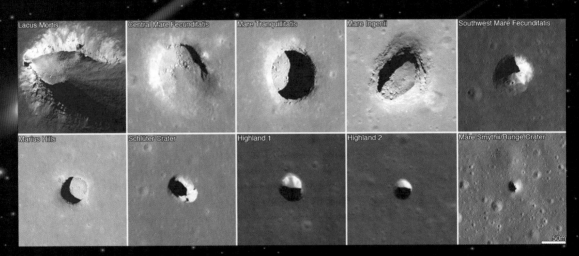

月球上的洞穴

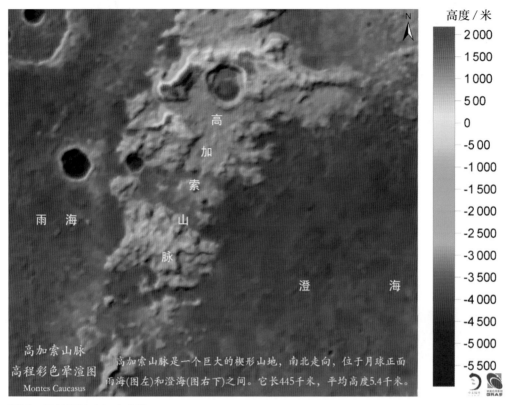

嫦娥一号拍摄的高加索山脉

"哦，原来是这样啊。如果月球背面也有白天，那嫦娥更容易看到外星人基地了！"

"不管月球背面有什么，我们的嫦娥都能看清楚。不过要说外星人基地，嫦娥是看不见的，因为月球根本就没有这个所谓的外星人基地，这都是传说，没这回事。"

"我还从一本杂志上看到这个基地的图呢。"

"图也是假的，实际是一些月球的表面特征，有时图像有些模糊，再加上人的想象，这个'基地'就造出来了。要说图，爷爷收集的图可比你看到的多。"

"爷爷，月球上有没有黄金和白银呢？"珠珠问。

"这我还不知道，但可以这样说，根据目前的探测结果，地球上有的矿物，月球上都有。咱们嫦娥一号的任务之一就是要详细探测月球矿物的分布。"

"广寒宫在哪儿呀，嫦娥能看到广寒宫吗？"

"广寒宫是神话传说中的，月球上根本就没这个地方，但也说不定等我们的嫦娥着陆月球后，把登月地点命名为广寒宫呢。"我耐心给孙女做解释，珠珠听得也很认真。

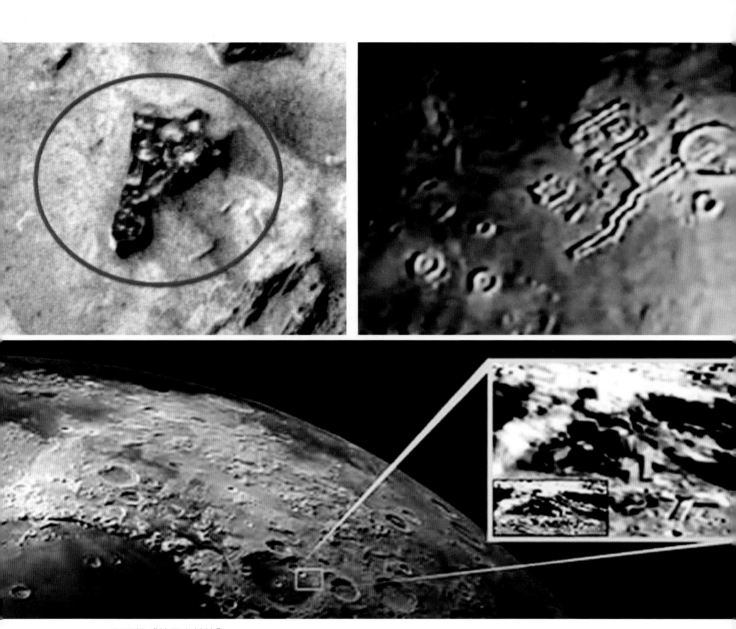

所谓的"外星人基地"

"爷爷，在咱们国家探月之前，有其他国家探月了吗？"珠珠问。

"在咱们国家发射嫦娥一号之前，已经有苏联、美国、欧洲空间局和日本发射了月球探测器，但发射月球探测器最多的要数苏联和美国。"我解释说。

"那这两个国家发射了多少个月球探测器？"珠珠接着问。

"苏联发射了24颗月球探测器，其中有月球卫星、月球着陆器、月球车和取样返回探测器。"我回答说。

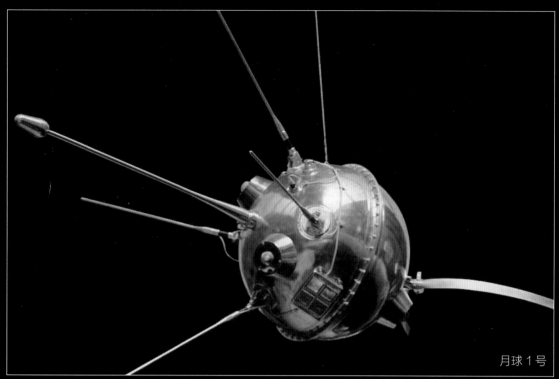

月球 1 号

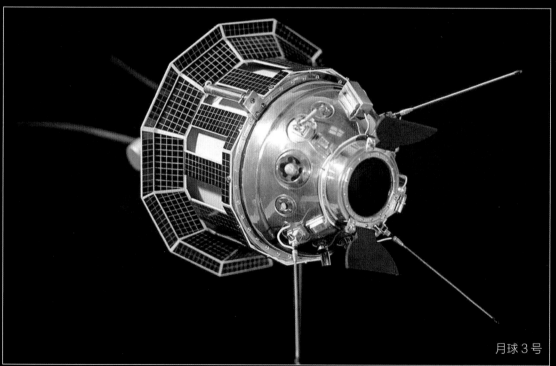

月球 3 号

苏联发射的月球 1 号和月球 3 号。1 号飞越月球，3 号飞到月球背面

月球9号

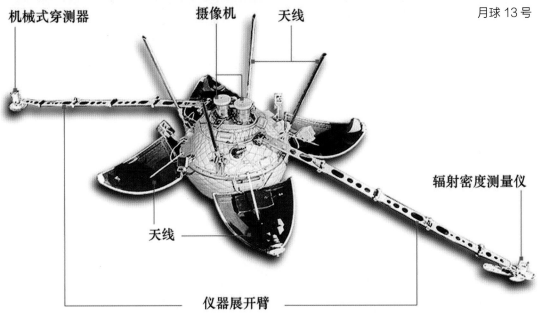

月球13号

机械式穿测器　　摄像机　　天线

天线

辐射密度测量仪

仪器展开臂

苏联的软着陆探测器

月球车 1 号

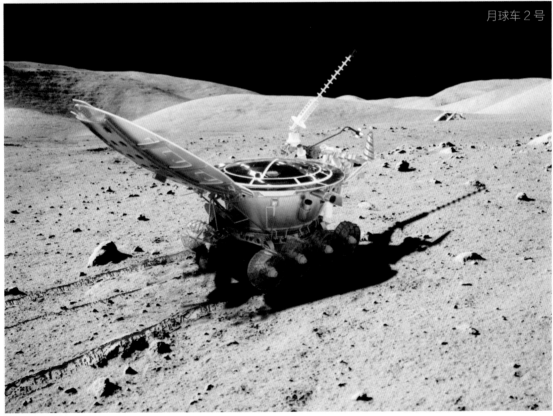

月球车 2 号

苏联的月球车

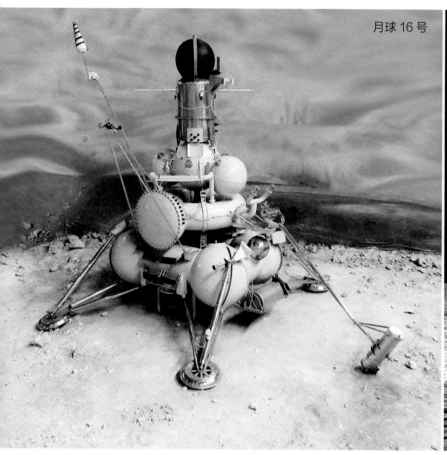

月球 16 号　　月球 24 号

苏联的月球取样返回探测器

"苏联发射了那么多探测器呀！那美国发射了多少？"朵朵问。

"美国发射的月球探测器数量没有苏联发射的多，但由于实现了载人登月，所以在全世界产生的影响更大。"我回答说。

"我听到过阿波罗登月的故事，但记不清了，爷爷您再给我们讲讲吧。"朵朵说。

"美国搞载人登月，其实也是为了与苏联开展太空竞赛。在探测月球的竞争中，苏联赢得了开始，爷爷在前面已经说了，前 3 次月球探测都是苏联搞的。面对苏联取得的成绩，美国老百姓不高兴了，纷纷责问总统肯尼迪：咱们美国就甘当老二呀，美国就不想争第一呀？肯尼迪解释说，要说争第一，我作为总统，比谁都想争第一，问题是说大家要给我支支招，我们究竟在哪方面能战胜苏联，争得第一呢？副总统约翰逊给肯尼迪出了个主意，说咱们的大运载火箭比苏联先进，如果咱们搞载人登月，准能战胜苏联。

肯尼迪采纳了约翰逊的建议，决定正式启动阿波罗计划，要在 10 年内将美国的航天员送上月球。"我给两个孙女介绍了阿波罗计划产生的背景。

"阿波罗计划成功了吗？"珠珠问。

"阿波罗计划进行得比较顺利，在 1969 年 7 月，美国成功地发射了阿波罗 11 号，将 3 名航天员送到环绕月球的轨道，两名航天员乘登月舱到达了月球表面，这才有阿姆斯特朗那句名言：这是我个人的一小步，但却是人类的一大步。"我介绍说。

"爷爷，美国共有多少航天员登上了月球呀？"朵朵问。

"总共有 6 艘载人飞船成功实现登月，每次登月的航天员有 2 名，这样共有 12 名航天员登上了月球。这些飞船是阿波罗 11 号、12 号、14 号、15 号、16 号和 17 号。从阿波罗 15 号开始，还有了月球车。"我向孙女进一步介绍了阿波罗登月的情况。

"刚才爷爷说，阿波罗飞船上有 3 名航天员，为什么只有两人登月，另外一个人去哪了？"珠珠问。

"是这样的，这个阿波罗飞船是由三部分组成的，有服务舱、指令舱和登月舱。到达月球附近后，两名航天员进入登月舱，准备登月，另一名航天员留在指令舱里，随飞船围绕月球飞行，为登月的航天员服务，保障通信通畅。"我解释说。

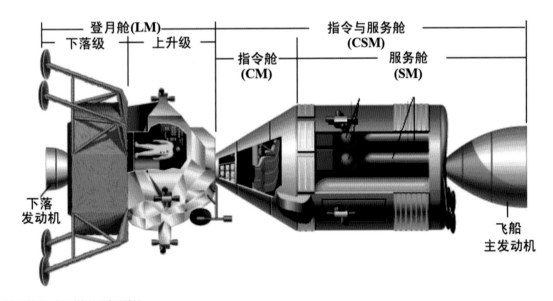

苏联的月球取样返回探测器

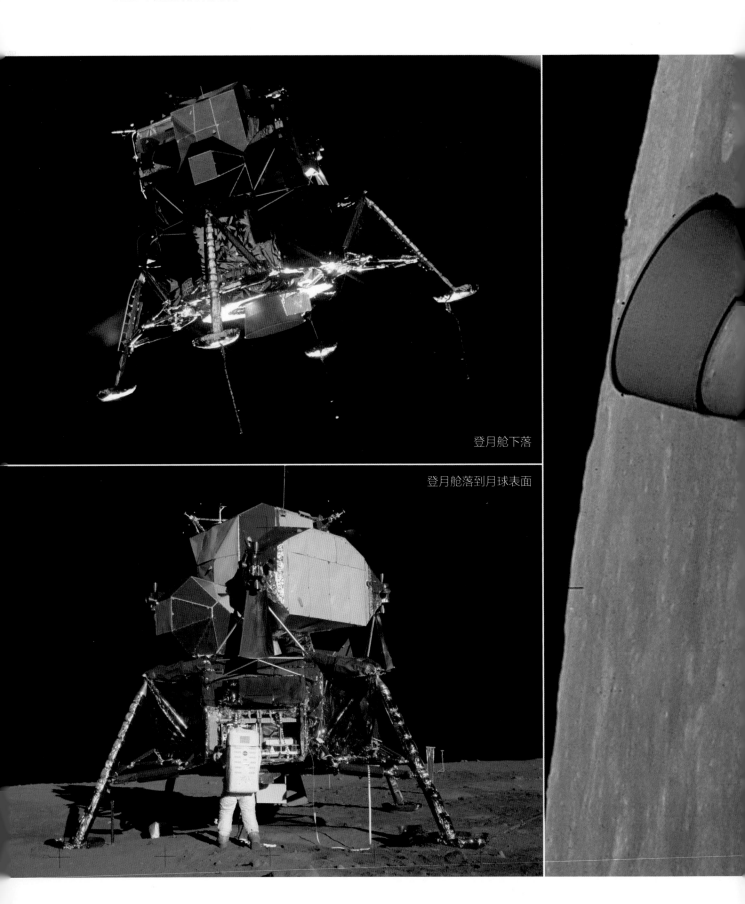

登月舱下落

登月舱落到月球表面

服务舱继续环绕月球飞行

阿波罗 11 号登月舱从月球表面返回与服务舱对接时的照片

航天员返回地球

阿波罗 15 号航天员乘坐的月球车

阿波罗 17 号航天员在陨石坑附近进行科学考察

CHAPTER 3

第三章

嫦娥探月的文化内涵

　　每年我都要到中国科技馆做 3~4 场科普讲座，听众主要是年轻的父母带着幼儿园大班的孩子或小学一、二年级的学生。我这个人比较喜欢小孩，也很愿意给孩子们讲科普。为了使讲座适合孩子们口味，每次讲座之前，我都让我的小孙女珠珠看一遍课件。我希望用孩子的眼光"审查"我的讲稿，看哪些内容太深了，听不懂；或哪些内容孩子们不感兴趣，那我就删掉了。珠珠也很爱做这件事，每次看课件都很"挑剔"，孩子越是"挑剔"，我就越高兴。

这次到中国科技馆做讲座的题目是"月球文化与月球探测"。报告的第一部分是月球概况，我首先放了一个视频，让"月球仪"转动起来，观众就可以对月球表面的情况一目了然。第二部分是月球文化，我对月球文化的解释是，所谓月球文化，就是月球对人类文化的影响和渗透，反过来，由于月球文化的影响，极大地促进了月球探测。

讲到月球与诗歌，我问小朋友，你们谁可以背诵一首与月球有关的诗歌？"我！"话音未落，一个小朋友就举起手来。"床前明月光，疑是地上霜。举头望明月，低头思故乡。"那个小朋友背诵完这首诗，大厅里忽然发出一阵笑声。

"你们笑什么，这个小朋友不是背诵得很流利吗？"我对大家说。

"这首诗太简单了，谁都会。"有个小朋友回答说。

"哦，原来你们嫌这首诗简单。那好，你们谁背诵一首复杂的？"

"明月几时有，把酒问青天，不知天上宫阙，今夕是何年？我欲乘风归去，又恐琼楼玉宇，高处不胜寒。起舞弄清影，何似在人间？……"原来是一个小女孩大声地背诵起来。

"这个小朋友果然厉害，竟然把苏轼这首《水调歌头》一口气背出来，不错，送给你一枚载人航天纪念章。"

见到我向小朋友发放纪念章，会场的气氛更加活跃啦，小朋友们争先恐后地背诵诗歌，回答问题。

"小朋友们，诗歌只是月球文化的一部分，我们熟悉的还有现代歌曲、戏剧、神话故事、科幻、动画片、电影、绘画等。《从地球到月球》是儒勒·凡尔纳在1865年写的科幻小说。记叙了一个法国人乘坐由巨型大炮发射的中空的炮弹飞向月球的故事。但现在，人类登陆月球早已变成了现实。这说明什么问题呢？只要我们努力，许多幻想未来都可以变成现实。你们说对不对呀？"

"科幻小说"《从地球到月球》的封面

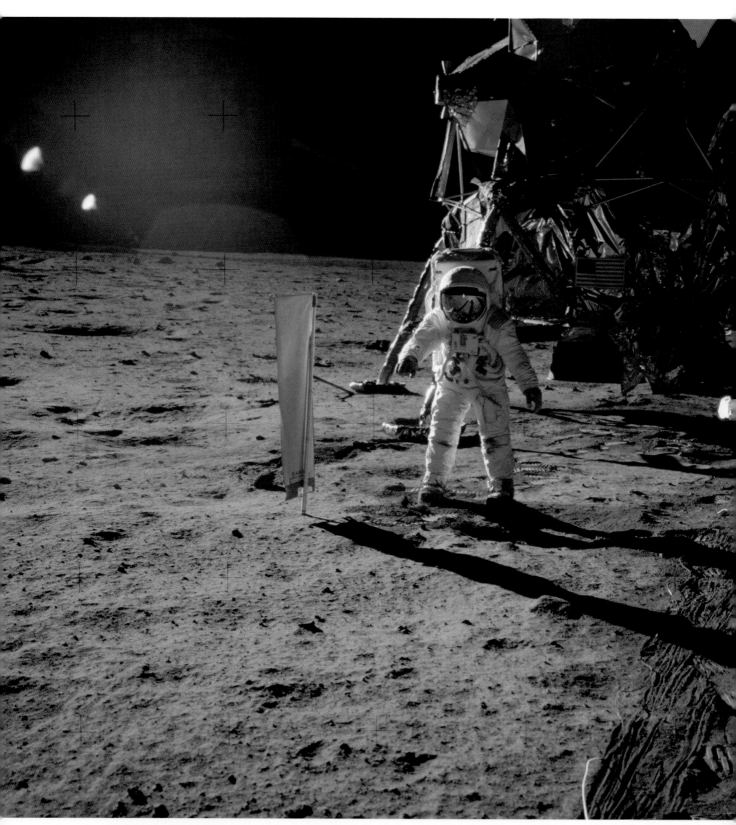

阿波罗 11 号任务图像

"对！"小朋友们高喊着回答。

"我再问一个问题，哪位小朋友能说出与月球有关的现代歌曲名？"

"我知道！"话音刚落，一个小朋友就站起来回答。

"《十五的月亮》《月亮代表我的心》《花好月圆》《彩云追月》《月儿高》，还有《月亮船》。"

"这个小朋友真行，一口气说出这么多歌曲的名，看来你是个歌曲爱好者了。好，我送给你一枚纪念章。"

"我还可以告诉大家，不光我国有许多关于月球的歌曲，国外也有不少优秀的月球歌曲。

"其实，月球文化远不止这些，还有戏剧与音乐、绘画与摄影、电脑游戏、动画、京剧与歌剧、电影与电视、大众与摇滚乐，还有科学幻想，等等。"

朦胧的月亮 图片来源：NASA/JPL/Space Science Institute

2013 年网上评选出的十佳月球电影，右上角数字为每部影片获得的分数

与月球有关的绘画

与月球有关的摄影

与月球有关的影片

"我们的嫦娥探月也同样含有丰富的文化内涵。你们看下我国的探月工程标识，上面显示毛笔蘸饱了墨，大笔一挥，这是龙头，象征着我们中国龙要腾飞；下面，笔一提，出现许多白点，像是无数的和平鸽，象征着中国和平利用月球资源；中间的两点是脚印，这是中国人的终极梦想，总有一天，我们中国人要踏上月球。你们看，这么简单的图像，含有多么深刻的文化内涵啊，难怪这幅图被选为探月标识。"

听我这么一说，会场又活跃起来，大家七嘴八舌地议论开来。

中国探月工程标识

月球与中秋节

"嫦娥一号还搭载了30首由民众选出的歌曲，这些歌曲都是大家非常喜欢的，如《谁不说俺家乡好》《我的祖国》《我的中国心》，还有《但愿人长久》等。此外，还有特别选用曲目《中华人民共和国国歌》和《东方红》。"

在讲座的互动阶段，一个小朋友问："嫦娥一号围绕月球飞行了多长时间？"

"在经过494天的飞行之后，2009年3月1日，中国首颗深空探月卫星嫦娥一号以撞击月球的方式，结束了它的工作使命。"我回答说。

让我们听听"嫦娥一号"的自述：

"经过一年的太空遨游，我的任务已经完成。我祝愿在自主创新、重点跨越、支撑发展、引领未来的方针指导下，中国的探月工程不断创造新的辉煌。"

"这是完成任务的那一刻，嫦娥一号卫星通过她的语音装置向地球传来的饱含深情的告别和对我国月球探测工程未来的美好祝愿。"

"嫦娥一号卫星的完美谢幕，既是中国航天的一个里程碑，更是一个新时代的开始。我们永远也不会忘记她的贡献，不会忘记打造嫦娥一号的艰难岁月，更不会忘记那些难忘的人和事。在浩瀚的深空，中国航天还将继续书写一个个更加美丽的神话。"

我引用了新闻媒体报道的语言，结束了这次讲座。可是，孩子们的热情不减，纷纷涌上台来，问这问那。看到孩子们对科学有这样高的激情，我也很受感动。主持人看到这个情景，对大家说："孩子们，你们这么多人围着教授，教授根本没法回答你们的问题。这样好不好，你们围着教授，与教授一起合影，好不好？"

"好！"孩子们齐声喊着。在与孩子们合影后，我才得以"脱身"。

CHAPTER 4

第四章

嫦娥二号奔向远方

2012 年 12 月 15 日，中国国家国防科技工业局发布消息，嫦娥二号卫星 12 月 13 日飞离日地第二拉格朗日点（L2 点）195 天后，成功飞抵距地球约 700 万千米远的深空，以 10.73 千米 / 秒的相对速度，与国际编号 4179 的图塔蒂斯小行星由远及近擦身而过，首次实现中国对小行星的飞越探测。许多新闻媒体都报道了这个消息，也引起了我的两个小孙女的关注。

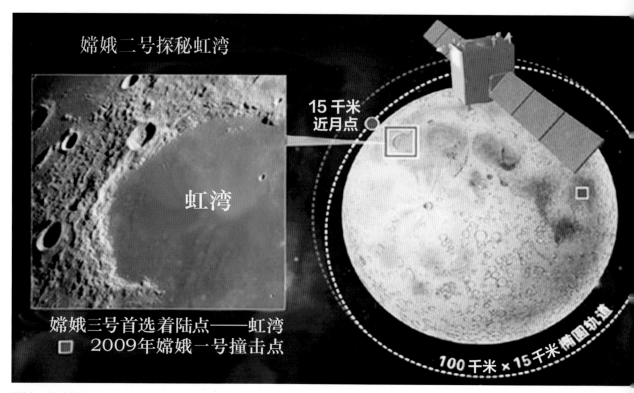

嫦娥二号探秘虹湾

虹湾

15 千米
近月点 ○

嫦娥三号首选着陆点——虹湾
□ 2009年嫦娥一号撞击点

100 千米 × 15 千米椭圆轨道

嫦娥二号的轨道

　　本来，嫦娥二号是在 2010 年 10 月 1 日发射的。由于正值国庆节，加上嫦娥二号是一号的备份星，因此当时并未引起人们特别的关注。但是，这颗备份星却有不少惊人的举动。

　　在电视台报道了嫦娥二号观测到小行星的消息后，两个孙女又把我"包围"了，非要我介绍嫦娥二号的情况。

　　"爷爷，嫦娥二号与一号都有什么不同啊？怎么还去探测小行星了呢？"朵朵问。

　　"嫦娥二号本来是一号的备份星，结构上与一号基本相同。"我回答说。

　　"爷爷，什么叫备份星啊？"珠珠问。

　　"所谓备份星，就是按照相同的设计制造出的两颗人造卫星，其中之一就是备份星，目的是一旦嫦娥一号发射失败，不需要再研制一颗，而是稍做准备，就可以发射备份星，这样可以节省时间。可是嫦娥一号发射获得了圆满成功，计划任务完成得也很好，如果完全按照相同的设计发射二号，意义也不大，因此科技人员对嫦娥二号的任务重新设计，

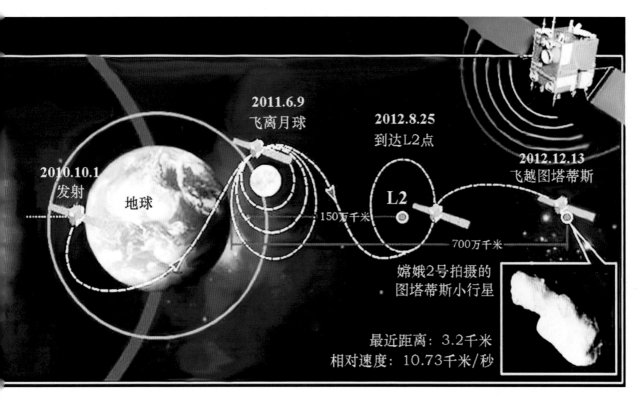

2011.6.9
飞离月球

2012.8.25
到达L2点

2012.12.13
飞越图塔蒂斯

2010.10.1
发射

地球

L2

150万千米

700万千米

嫦娥2号拍摄的
图塔蒂斯小行星

最近距离：3.2千米
相对速度：10.73千米/秒

嫦娥二号太空历程

增加了许多新元素。"我进一步解释说。

"那到底有哪些新东西呀？"小珠珠急不可待地问。

"概括来说有4点不同：（1）携带的科学仪器性能提高了。（2）嫦娥二号发射后不围绕地球转圈子，而是直接进入地－月转移轨道，这样可使嫦娥二号到月球的时间大大缩短。（3）嫦娥一号围绕月球的轨道高度是200千米，而嫦娥二号的轨道高度是100千米，离月球表面更近了，用同样的相机就可以拍摄更清晰的图像。在嫦娥二号运行一段时间后，又把轨道高度变成15千米，也就是说近月点为15千米，在虹湾地区上空。这是为嫦娥三号成功着陆月球做准备，因为在15千米的高度上照片的分辨率达到1.3米，为嫦娥三号着陆器选择安全、合适的着落点提供有价值的科学依据。（4）在嫦娥二号完成了预期的月球探测使命后，没有撞击月球，而是飞向遥远的深空，先到达日地系统第二拉格朗日点，然后又探测了一颗对地球有潜在危险的小行星。2011年6月8—9日，经过2次精确加速后飞离月球，飞往日－地第二拉格朗日

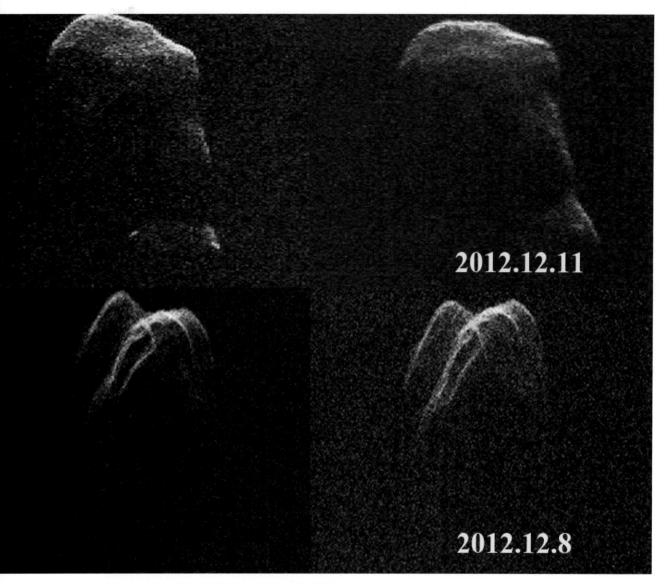

美国地面雷达在 2012 年获得的图塔蒂斯图像

点（以下简称"日－地 L2 点"）。2011 年 8 月，成功到达日－地 L2 点，开始进行载荷科学探测。2012 年 4 月，圆满完成在日－地 L2 点一个完整拟周期的飞行探测。嫦娥二号成功绕飞日－地 L2 点，验证了深空轨道设计与飞行控制、150 万千米的远距离测控通信等技术，验证了 L2 轨道保持特性，并在日－地 L2 点开展了 10 个月的科学探测，填补了中国对地球远磁尾区域的离子能谱、太阳耀斑爆发和宇宙伽马爆的科学探测的空白。2012 年 12 月 15 日，嫦娥二号卫星飞离日－地 L2 点 195 天后，飞抵距地球约 700 万千米远的深空，与图塔蒂斯小行星由远及近擦身而过，至此，嫦娥二号再拓展试验成功，嫦娥二号工程完美收官。"我详细地向孙女介绍了二号与一号的不同之处。

"爷爷，您说嫦娥二号的近月点是 15 千米，飞得这么低有什么用处啊？"朵朵问。

"这次的近月点在月球虹湾地区上空，这个地方是将来嫦娥三号着陆的地区，嫦娥二号获得了这个地区 1.3 米分辨率的图像，为嫦娥三号安全登陆月球打下基础。"

"爷爷，您方才说的有些词我听不懂，什么拉格朗日点了，什么图塔蒂斯小行星了。"珠珠说。

"拉格朗日点这个词对你们来说确实难懂，以后有机会再给你们介绍。至于小行星你们应当知道，上次爷爷在中国科技馆做一个讲座，叫天地大碰撞，你们也去听了，能够撞击地球的小天体，主要是小行星。"我说。

"想起来了，有一个视频，一颗小行星撞击地球后，还产生了巨大的海啸，那海浪很高，把美国的自由女神像都给掀翻了。"珠珠说。

"可能撞击地球的小行星称为'近地小行星'，方才提到的图塔蒂斯小行星就属于这种小行星，而且是对地球有潜在危险的小行星，因此人们也把它称为'战神'。以前只有美国人利用地球上的雷达，获得了这颗小行星模糊的图像。此次'嫦娥'会'战神'，千年等一回。茫茫深空的这次擦肩而过，最近相距 3.2 千米。在 10.73 千米／秒的相对速度下，'嫦娥'不忘用明亮的眼睛——载荷相机留下战神的身影。相会一瞬间，意义恒久远。嫦娥二号此次'高访'，是地球来客首次对'战神'进行近距离探测。中国迈进了原本只有美、欧、日成员的小行星探测俱乐部。"

"现在嫦娥二号飞到哪了？"珠珠问。

"嫦娥二号正奔向更远的深空。技术人员通过分析认为，嫦娥二号飞行距地最远可达到约 3 亿千米。嫦娥二号成为目前中国首颗飞入行星际的探测器，在后续的星际飞行中，其飞行目标将主要聚焦在星载设备长寿命考核、自主飞行能力、行星际远距离测控验证等方面。现在与地球一样，围绕太阳运行，成为一颗行星，约在 2020 年前后回到地球附近。"

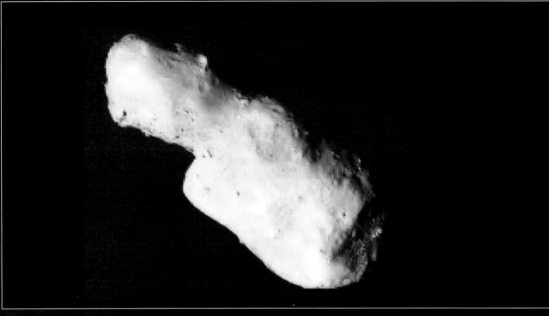

嫦娥二号拍摄的图塔蒂斯

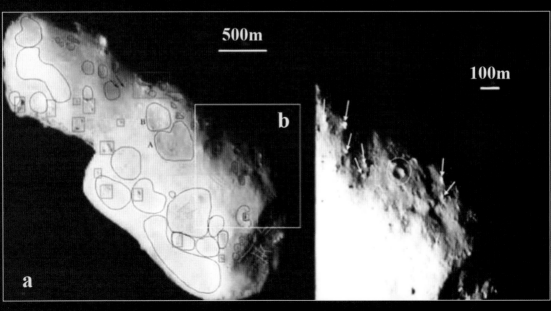

图塔蒂斯表面特征

CHAPTER 5

第五章

嫦娥三号着陆虹湾

　　2013 年 12 月 2 日，中国西昌卫星发射中心用长征三号乙运载火箭成功地发射了嫦娥三号探测器，中国探月迎来了一场重头戏，因为这颗探测器将完成在月面软着陆的任务，还携带了一辆月球车。

嫦娥三号成功进入椭圆轨道

　　"为什么在'着陆'两个字前加'软'字呢？"细心的朵朵在看了电视报道后立刻问我。

　　"着陆月球有两种情况，一种是硬着陆，另一种是软着陆。硬着陆的意思是在着陆器下落到月球表面的过程中，对它的下落速度不加以控制，任其撞击到月球。由于这个速度比较大，所以着陆的瞬间就会把着陆器撞个粉身碎骨。可能小朋友要问了，既然把着陆器撞碎了，那还有啥意思啊。我要说的是，这种着陆也是有意义的，在探测月球的初期，人们能把一颗探测器从地球发射，然后准确撞击到月球表面，这也是不容易的，因为毕竟月球距离我们38万千米呀，在38万千米外'打靶'成功，对技术上的要求也是很高的。苏联的月球2号就是世界上第一个成功在月球硬着陆的探测器。"

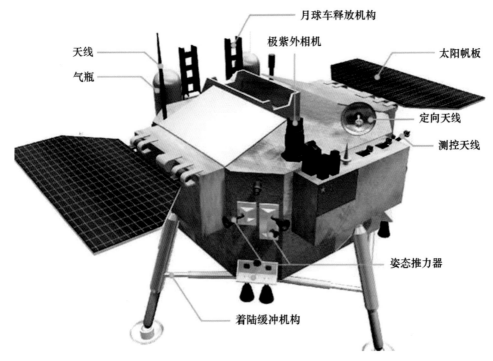

天线
气瓶
月球车释放机构
极紫外相机
太阳帆板
定向天线
测控天线
姿态推力器
着陆缓冲机构

嫦娥三号着陆器示意图

导航相机
定向天线
桅杆
全景相机
天线
太阳帆板
避障相机
机械臂
摇臂
车轮

嫦娥三号巡视器示意图

"在科技高度发展的今天，硬着陆也有用武之地。比如探月卫星完成了预定的任务，随身携带的燃料快要用光了，这时就给它发一个指令，让它撞击到指定的区域。地面和太空的望远镜可以观测撞击点产生的烟尘的光谱，通过光谱分析，可以推断撞击区有哪些矿物。"我给朵朵做解释。

"实现软着陆很难吗？"珠珠问。

"实现软着陆在技术上是有相当大的困难的，为了保证着陆器不受到撞击，必须控制它下落的速度。我们知道，月球没有空气，不能用降落伞减速。那怎么办呢？科技人员还是有办法的。通常使用变推力火箭，让火箭朝着陆器运动的方向喷气，这样就起到减速的作用。以我们的嫦娥三号为例，下落开始时，着陆器距离月球表面高度为15千米，速度是每秒1.7千米，要在720秒左右的时间内，将着陆器的速度降低到零，高度也为零，即着陆的那一刻，以很小的速度落到月面，着陆器不会受到损坏，这就是软着陆的过程。"我继续解释。

"爷爷，您说很难，我怎么没觉得难呀？"珠珠说。

"你是对着陆器的速度大小没有感性认识。每秒1.7千米的速度相当于时速6 120千米。在首都机场高速路上，允许小轿车的速度是每小时120千米。如果小轿车以这个速度跑，我们会感到非常快，可是，着陆器的速度是小轿车速度的50多倍，你看多快呀。如果不给着陆器减速，以这个速度撞击月球，肯定是粉身碎骨。"我进一步解释说。

"哎呀，这个速度那么大呀！"珠珠惊讶地说。

"还有嫦娥三号在着陆过程中有一项'独门绝技'，就是当着陆器下落到离月面大约100米时，能像直升机一样悬停，这是世界第一。这个悬停有什么意义呢？在悬停期间，着陆器的照相机就可以仔细地查看下面有没有较大的岩石、较大的陨石坑。如果没有就直接下落；如果有，就平行移动，再找一个平坦的地方着陆。这样就可以确保着陆的安全。"我向两个孙女解释说。

2013年12月14日，嫦娥三号成功软着陆于月球雨海西北部，15日完成着陆器巡视器分离，并陆续开展了"观天、看地、测月"的科学探测和其他预定任务。嫦娥三号这次还携带了一辆月球车，取名为玉兔号，这是中国第一艘在地球以外天体上运行的车。玉兔携带一部测月雷达，它在月面行走时，雷达向下面发射电磁波，然后接收反射回来的波

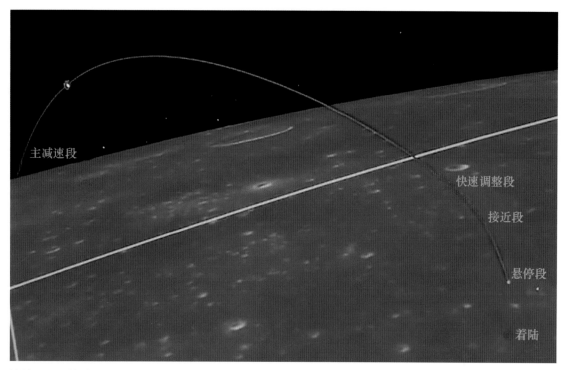

嫦娥三号下落过程

束。通过分析，就可以获得月球表面几百米以下的地质结构，还可以获得月壤厚度分布的信息。这部测月雷达在世界上也是首次用在月球车上，而且获得了非常丰硕的科学成果。

"爷爷，在嫦娥三号发射时，您在网易网站做解说嘉宾，您在那儿向网友介绍了什么内容啊？"朵朵问。

"爷爷向网友详细地介绍了整个着陆过程。"我回答说。

"你们对这个过程也感兴趣？那好，爷爷就给你们讲讲。"

"在月球 100 千米 ×15 千米椭圆轨道上飞行 4 天后，嫦娥 3 号踏上了中国航天器从未涉足的未知旅程——最后 15 千米的落月之路。这是中国人通往月球的最后一步，也是我国实现首次地外天体软着陆关键中的关键。这个过程持续 720 秒，大约 430 千米的航程，要将速度由 1.7 千米 / 秒降低到接近于零。概括来说，整个动力下降过程可分为 6 个阶段：主减速段、快速调整段、接近段、悬停段、避障段和缓速下降段。主减速段用时最长，七八分钟的样子。通过主减速段，嫦娥三号距月面的高度下降，速度也大幅

嫦娥三号悬停阶段

降低。随后，调整姿态，来到接近段，初步确定安全着陆区。然后，探测器选择安全着陆点。之后，嫦娥三号缓速下降，安全着陆。这几个阶段是环环紧扣、步步递进的，都非常关键，任何一个阶段的任务没完成好，都会影响最后的软着陆，甚至造成灾难性后果。

"尽管嫦娥三号的软着陆过程被划分成了 6 个阶段，但实际上，它在这 15 千米高度内最重要的任务只有两个，那就是减速和避障。在距月面 3 千米之前主要是减速，之后的核心目标就是避障和着陆。当然，其间还伴随着调姿。

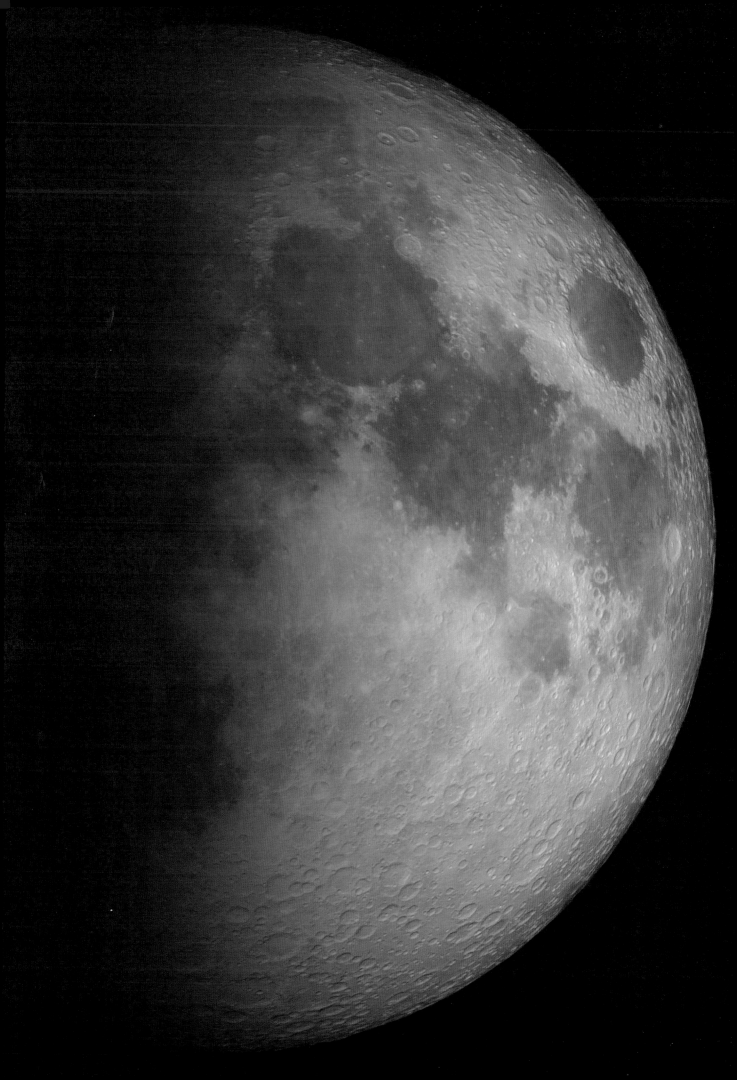

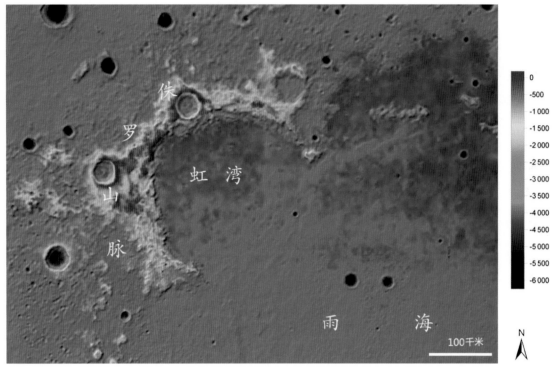

罗
侏
虹 湾
山
脉
雨 海
100千米
N

虹湾地区

月球最美彩虹湾，镶嵌雨海西北边。
地势平坦月坑少，嫦娥落此很安全。

"在快速调整段所用的时间很短，只有几十秒钟，但在此期间要下降大约60米。接着进入着陆接近段，在这个阶段，着陆相机将不断地发回图像数据。下落过程完全是自动进行的，人工干预的可能性几乎为零。这是因为落月过程中的每一个动作都非常短暂，安装在探测器上的传感器一旦获得信息，需要探测器做出极快的响应。

"悬停段距离月面大约100米左右。在这个阶段，通过落月照相机仔细观察，看落点区域是否有障碍物，如果没有，继续下落，如果有障碍物，着陆器将平行移动，选择最佳降落点。悬停的时间大约30秒。之后，嫦娥3号在反推火箭的作用下继续慢慢下降，直到离月面4米高时再度悬停。此时，关掉反冲发动机，探测器实施自由下落。

"为什么要提前关机呢？这是因为如果发动机一直点火的话，噗噗往外喷气，月亮上的尘土一下都喷起来，照相机表面会蒙上灰尘，一些尘埃也会进入仪器里，影响仪器的性能。从4米高的地方自由下落，不会摔坏着陆器，因为着陆器有一个缓冲分系统，也就是嫦娥三号的4条腿。这4条腿既有足够的强度，可以承受着陆时的冲击，又使用了新的缓冲吸能材料，具有一定的柔韧性，可以确保探测器平稳安全。此外，着陆腿还有收拢、展开、支撑的功能，触月时还能发出信号。

"着陆器成功着陆后，接下来要做什么？其实，着陆仅仅是探测的开始，好戏还在后头呢。安全降落以后，嫦娥三号将打开太阳能电池板，携带的仪器经过测试、调试后开始工作。随后，玉兔号月球车将驶离着陆器，在月面进行3个月的科学勘测，着陆器则在着陆地点进行原地探测。这将是中国航天器首次在地外天体的软着陆和巡视勘探，同时也是1976年后人类探测器首次的落月探测。

"嫦娥三号的一个重要科学目的是月表物质成分和可利用资源调查。玉兔号月球车上携带四种仪器，其中红外成像光谱仪进行巡视区月表红外光谱分析和成像探测，粒子激发X射线谱仪对月表物质主量元素含量进行现场分析。它们共同对巡视区能源和矿产资源进行综合研究。"

"月球上有哪些资源呀？"珠珠这时又提出了一个问题。

"月球含有各式各样的矿藏，如氦-3等，这些矿藏从数量来讲，也是非常惊人的。虽然在未来50年内我们可能还谈不上对月球资源的利用，但是从科学的角度来看，我们了解它的资源是有好处的。要想利用资源，你首先得了解它有什么资源。我们在地球上也不是说发现了资源，就马上着手开发。这个资源有没有开采价值，从发现到确切了解它的储量，到判断它有没有可开采性，在地球上也是需要一定时间的，何况在月球上。"

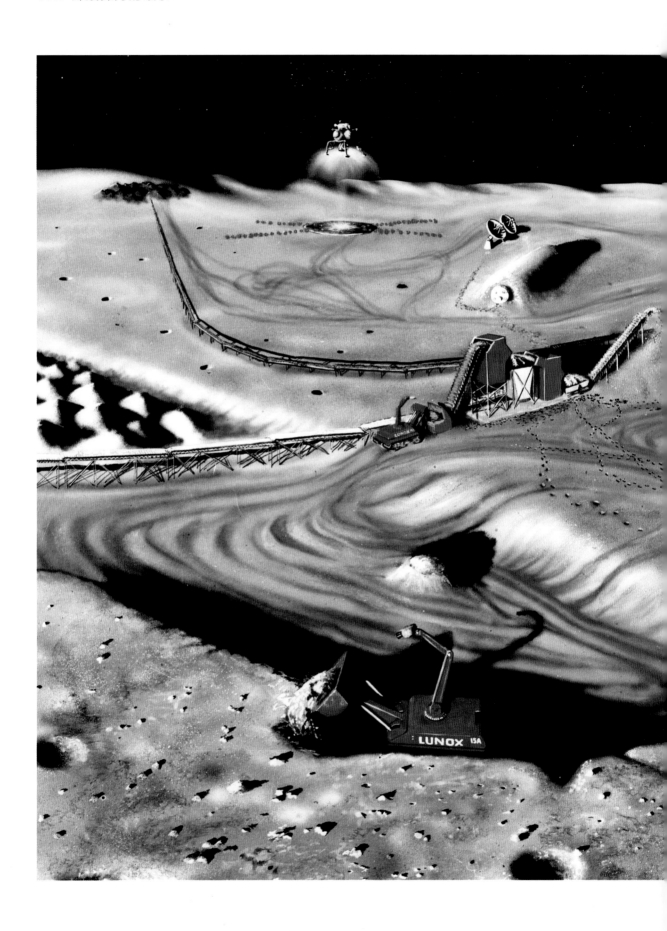

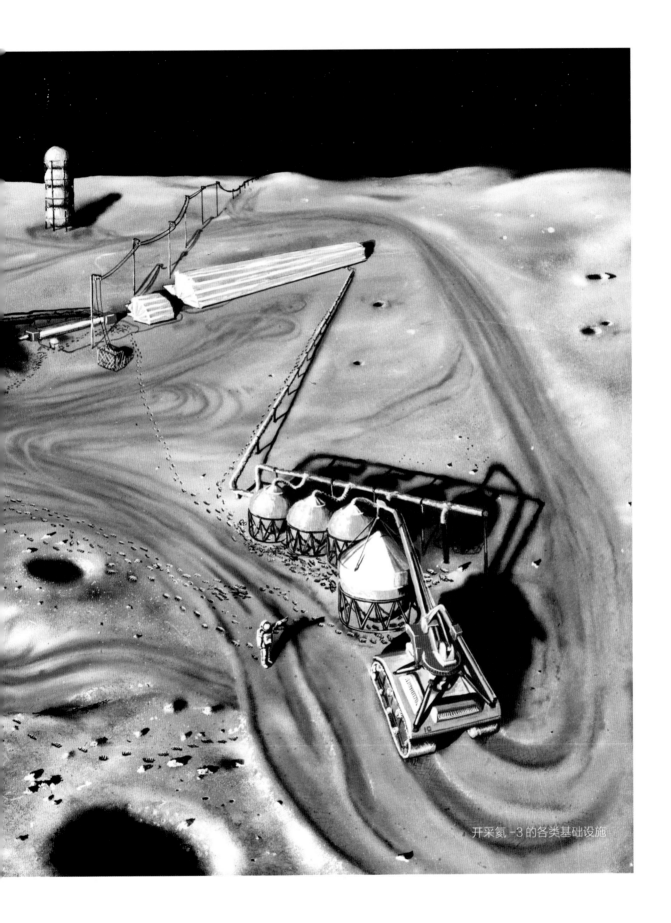

开采氦-3的各类基础设施

"我们做它的前期研究是绝对必要的。不是说一两个卫星就能够把月球资源搞清楚，我们这一代人，或者再过一两代人，要一步步努力，才能逐步能把这些东西搞清楚。在这个基础上，随着我们人类科学的进步，才能谈到开发利用问题。"

"月球上的氦-3资源，现在都说是100万~500万吨，其实这个数据是很不可靠的，仅根据带回来的几块岩石，三百多千克样品，就估计出全球的矿物分布，显然是非常粗糙的。了解某种矿物的详细分布，需要做大量细致的工作。特别是要实地进行探测，还要把样品带回地球，拿到实验室里。氦-3是氦的一种同位素，是一种气体，带回地球可能已经受影响了。只有在月球环境下，把仪器送上去，就地进行分析，这样得出的结论才能是准确的，进而了解各不同地区的分布等。这些工作需要一代一代人去努力才能完成。"

嫦娥三号成功着陆后，主要任务刚刚开始。2013年12月15日，嫦娥三号着陆器与玉兔号月球车进行了互拍，并传回了世界上最清晰的月面图片。

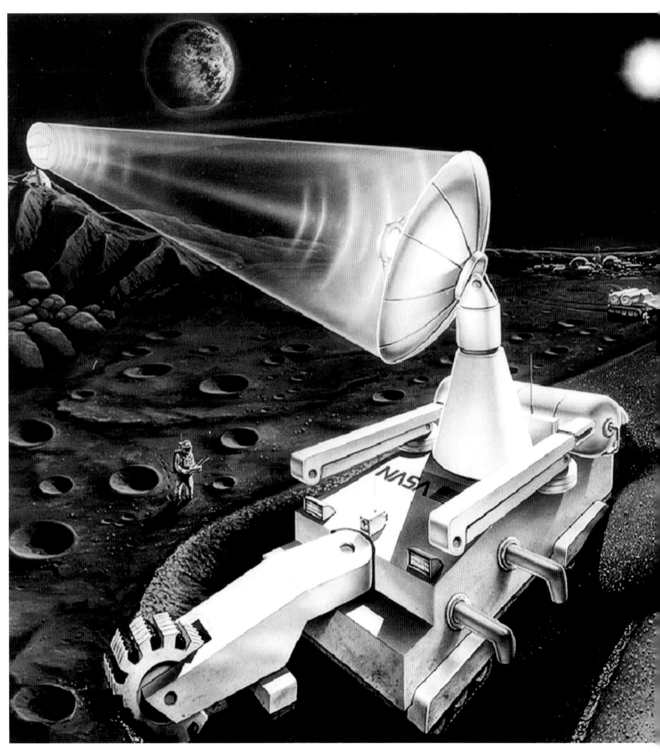

挖掘月壤和提取气体

未来的月球资源开发利用

着陆器

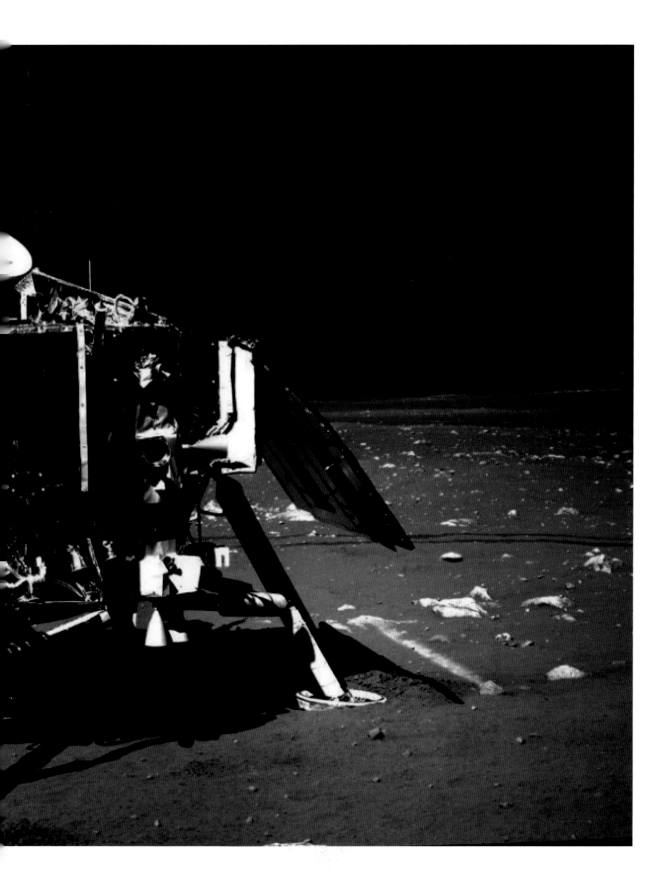

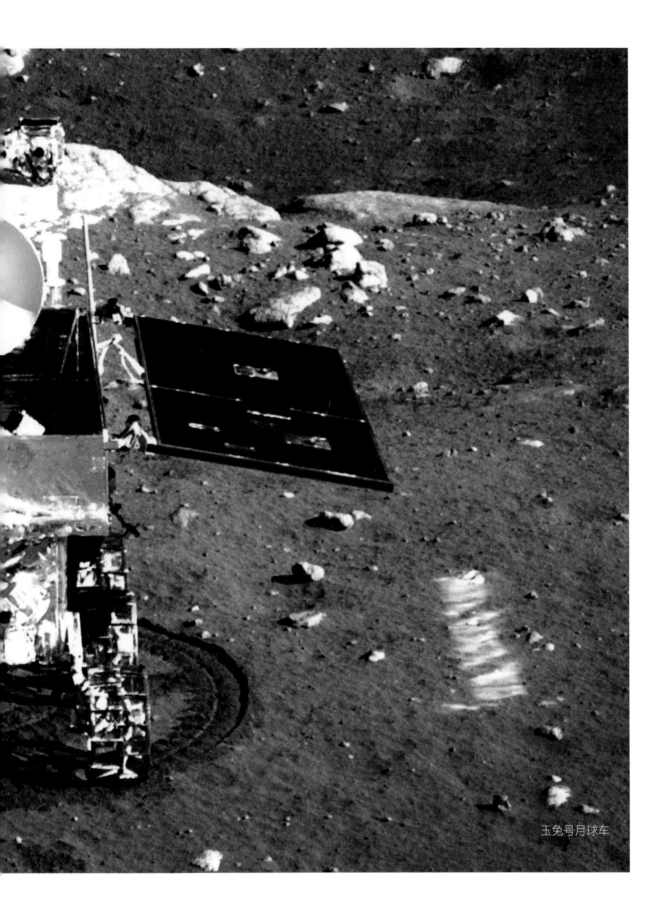

玉兔号月球车

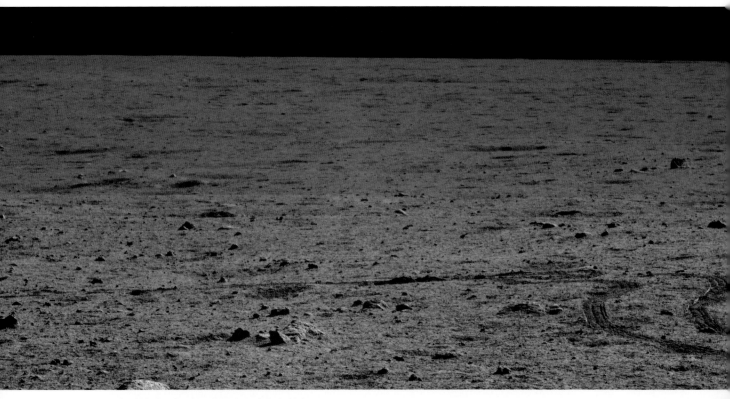

这个区域真平坦（引自国家天文台网站）

这个地方这么多石头啊（引自国家天文台网站）

落在这个地方可危险了（引自国家天文台网站）

落在这个地方更危险（引自国家天文台网站）

CHAPTER 6

第六章

嫦娥四号的壮举

2019 年 1 月 3 日，嫦娥四号卫星成功地在月球背面实现了软着陆，并向地球发送了世界上第一幅近处拍摄的月球背面图片。中央电视台等新闻媒体对此进行了详细报道。我当天下午接受了德国电视台的采访，晚上又到香港凤凰卫视担任解说嘉宾，向观众介绍了关于嫦娥四号着陆的有关问题。

嫦娥四号发回的世界上第一幅近处拍摄的月球背面图

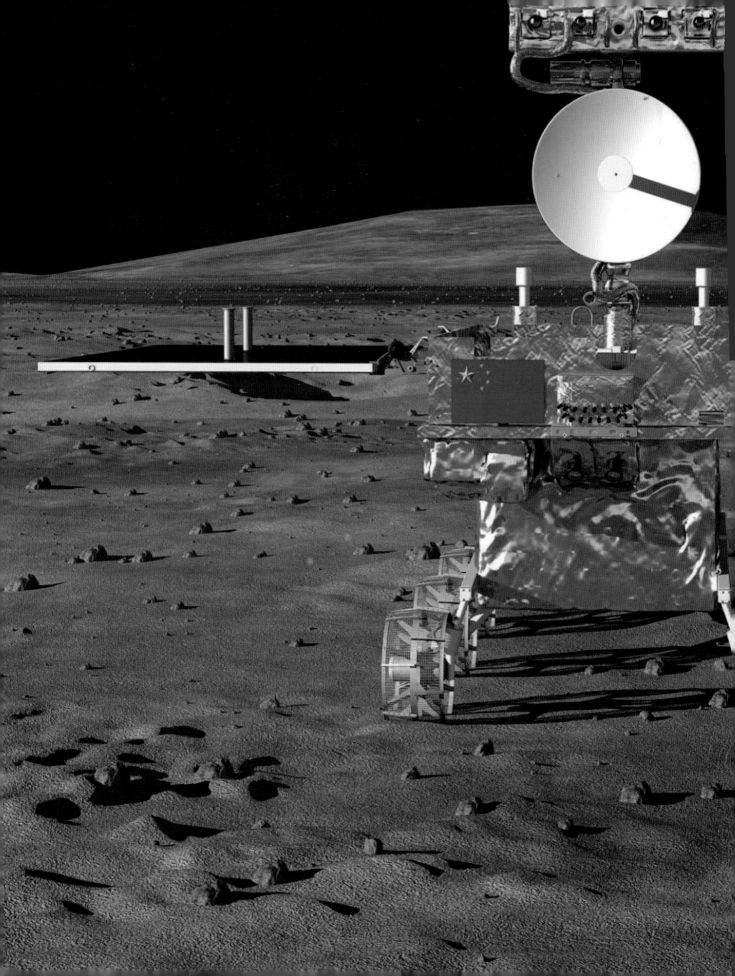

玉兔 2 号月球车

嫦娥四号着陆器拍摄的着陆点附近全景照片

我做完节目一回到家，珠珠就一个劲儿地问起来。

"爷爷，嫦娥四号为什么要在月球背面着陆啊？"珠珠问。

"珠珠这个问题问得很好，这个问题也确实非常重要。不过，我在回答这个问题之前，要先问你一个问题。"我回答说。

"什么问题呀，爷爷？"

"你在科技馆听过爷爷关于月球的讲座，现在你还记得，月球背面和正面有什么不同吗？"

"我记得月球背面高山多，正面高山少，平坦。"珠珠回答。

"是这样的，爷爷让你们看看这两幅月球图，一眼就能看出他们的区别。"

"在月球背面的图形中，附有一个高度表，从这个表可以看出，背面最高处比地球上的珠穆朗玛峰还要高，超过 1 万米，而最深处则达到了 –9 150 米，你们看，月球背面的高度差有多大呀！

"爷爷还要告诉你们另外一个事实，美苏过去虽然发射了许多月球着陆器，但没有一颗是在月球背面着陆的。

"我们从这两张图所反映出的问题可以清楚地看出，一是背面与正面相差很大，二是人类的探测器从未在背面着陆，因此，我们在月球背面着陆，就可以实地了解月球这两面的地质结构、化学成分到底有什么差别，这是从表面情况得出的结论。"我向她解释说。

"其实，从科学研究的角度还有一些原因，这是一般老百姓不可能考虑到的。如月球背面可以屏蔽来自地球的电磁辐射影响，因此有利于射电天文观测，是低频射电探测的绝佳场所，这样的频段选择也是世界首次；人类还可以首次直接测量月球背面近表环境

有什么特点。嫦娥四号的着陆点选择在艾特肯盆地，这个盆地的地壳很薄，有可能看到地幔物质。收集这个区域岩石的数据可以帮助科学家们更好地理解组成月球的岩层、浅层和深层，有利于研究月球的演变历史。

"嫦娥四号以卡门陨石坑为着陆点，这个坑的直径是 186.35 千米，深 3.04 千米。外观轮廓接近圆形，坑壁已明显损毁。除北部外，其他地区表面较为平坦，且反照率较周边地区更暗，说明坑内的物质与坑外的物质有一定的差别。图上的箭头指示了卡门陨石坑的位置，下面的黑白图显示了卡门陨石坑背部结构，几个方框给出了具体着陆点的建议。"

"在月球背面着陆的原因我明白了，那在背面着陆会遇到哪些困难呢？"珠珠又提出了新问题。

"珠珠这个问题问得好，确实有困难，要不然怎么至今没有着陆器在背面着陆呢？困难主要有两点：一是与地球通信问题；二是怎样保障着陆安全的问题。

由于月球一面始终面向地球，而另一面我们从地球上是永远看不到的，这就是背面。嫦娥四号在月球背面着陆后，是无法直接与地球通信的。所以我们就想出一个办法，在月球背面距离月球大约 65 000 千米远的地方放置一颗卫星，由这颗卫星建立起嫦娥 4 号与地面的通信联系，我们给这颗卫星起了个很有趣的名字，叫'鹊桥'，它已经在 2018年 5 月 21 日成功发射。中国民间传说阴历七月初七晚上喜鹊在银河上搭桥，让牛郎、织女在桥上相会。'鹊桥'这个中国神话传说里让牛郎和织女得以相见的桥，如今多了一层科技内涵。'鹊桥'卫星所在的位置有一个专用的名字，叫地月系第二拉格朗日点，简称地－月 L2 点。"

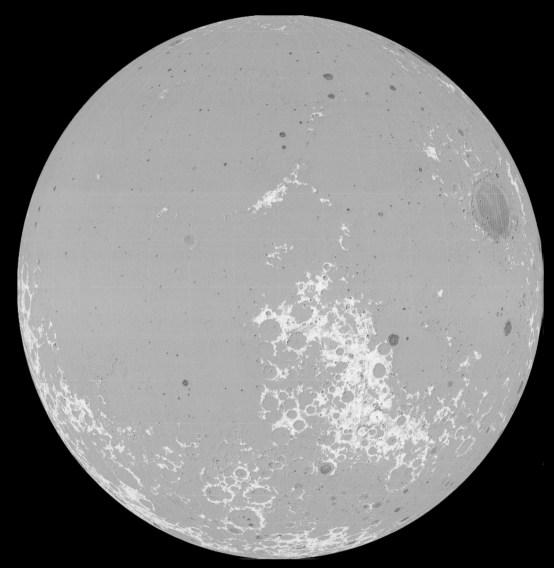

月球正面

一马平川不见山，蓝色月海连成片。
月面旅游不用车，乘舟航行全游遍。

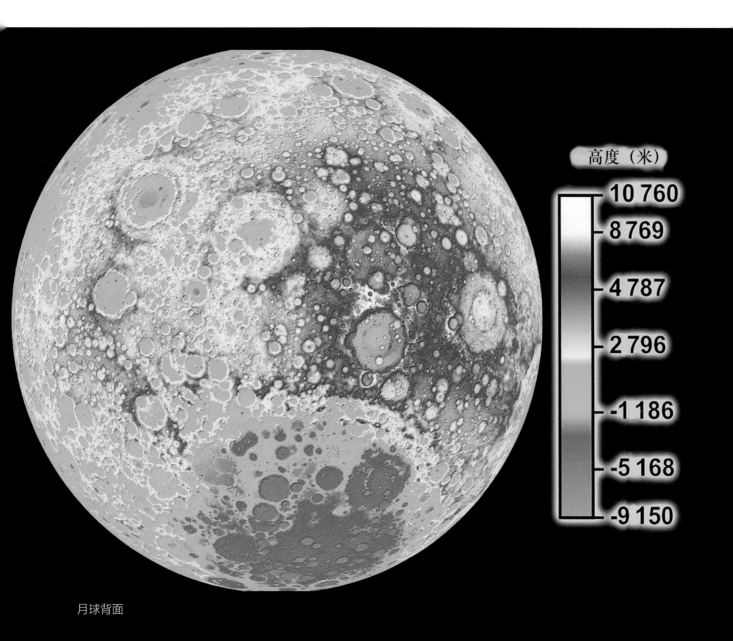

高度（米）

10 760
8 769
4 787
2 796
-1 186
-5 168
-9 150

月球背面

月球背面呈奇观，盆地托举众高山。
白色之处超珠峰，高低相差整两万。

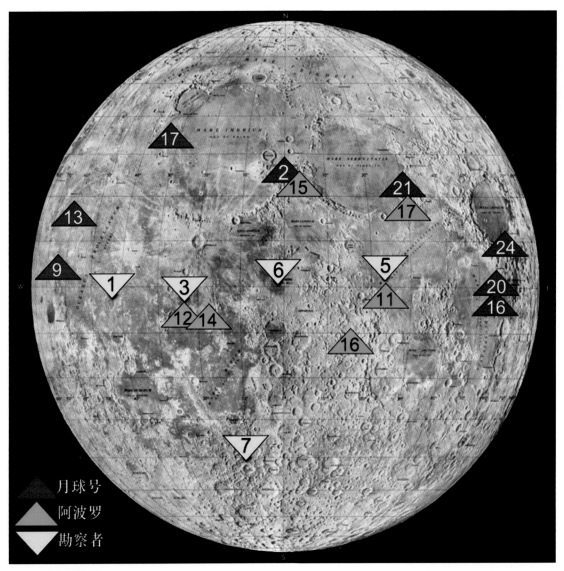

月球正面的着陆点

"地-月L2点也在月球后面呀，那卫星发信号时，不也是被月球挡住了吗？"珠珠又有了新问题。

"珠珠的问题很有趣。表面上看，月球把来自地-月L2点的信号挡住了，实际是挡不住的，这一是因为地-月L2点距离月球65 000千米，而月球的直径只有3 474千米，所以能被月球直接挡住的面积很小；另外，鹊桥卫星不是固定在地-月L2点，它可以围绕L2点做类似于圆周运动，称为晕轨道，这样，月球就挡不住信号了。"

"鹊桥这个名字取得真好。那第二个难点呢？"珠珠问。

"第二个难点是落月。月球背面高山林立，在艾特肯盆地内部，布满了陨石坑，这些坑都很深。例如，安托尼亚迪陨石坑的深度达到 9 150 米，是月球最深的地方。因此，不能像嫦娥三号那样缓慢地下落，必须走一条比较陡峭的路线，这就给安全着陆带来了挑战，所以必须采用一些新方法和新技术。"

"我听说嫦娥四号是嫦娥三号的备份星，那嫦娥四号有哪些改进没有？"朵朵问。

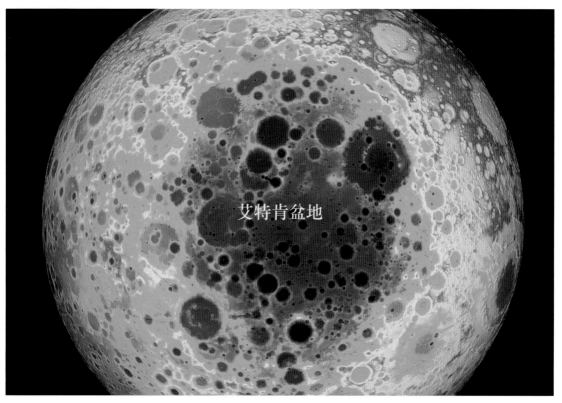

艾特肯盆地，嫦娥四号着陆点为卡门陨石坑

纵横五千里，最大撞击坑。

深度近万米，坑底有阴影。

阴影所在处，确认含水冰。

多国有计划，到此来扎营 *。

* 多国有在此处建立月球基地的计划。

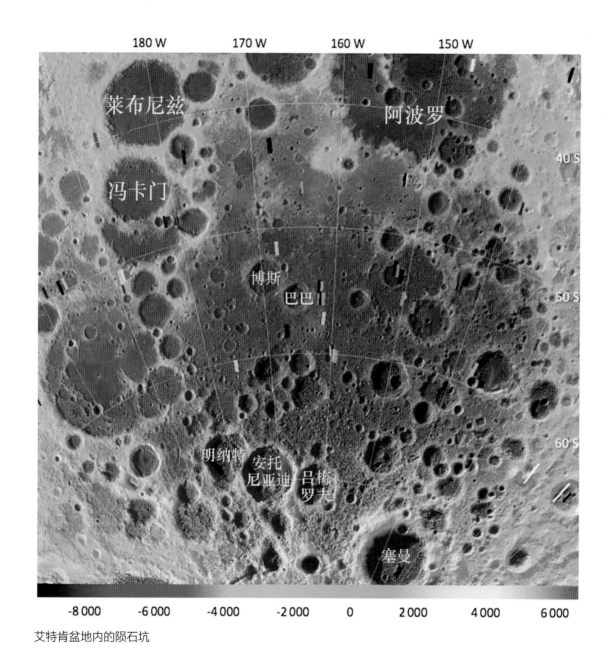

艾特肯盆地内的陨石坑

　　"虽然说是备份星，但还是有不少改进的。除了方才说的下降路线比较陡外，携带的仪器或是改进了，或是增加了新仪器，其中还有德国、希腊和瑞典研制的仪器。此外还携带了一个科普项目——月面微型生态圈，这是由重庆大学牵头研制的。

　　"'月面微型生态圈'是一个由特殊铝合金材料制成的圆柱形'罐子'，高18厘米，直径16厘米，净容积约0.8升，总重量3千克。小'罐子'里乾坤大，里面将放置马铃薯种子、拟南芥种子、蚕卵、土壤、水、空气以及照相机和信息传输系统等科研设备。

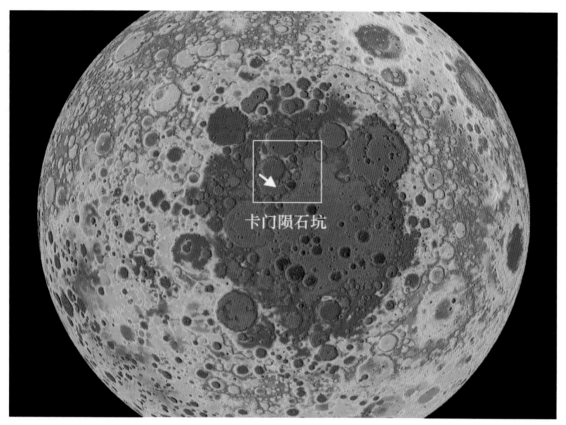

着陆点卡门陨石坑（箭头所指处）

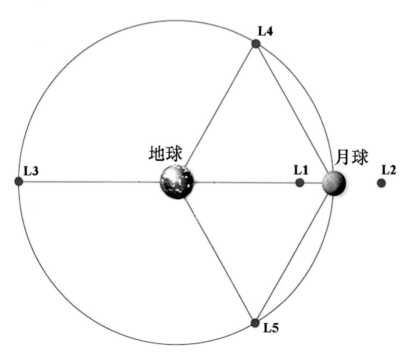

地月系统拉格朗日点

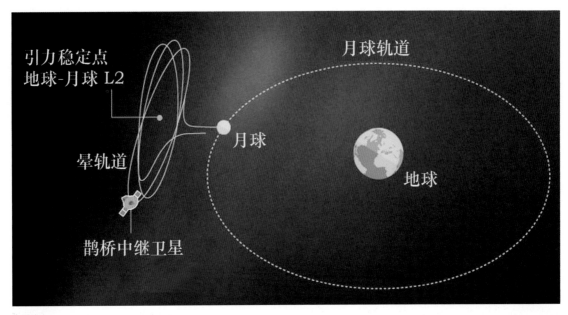

晕轨道

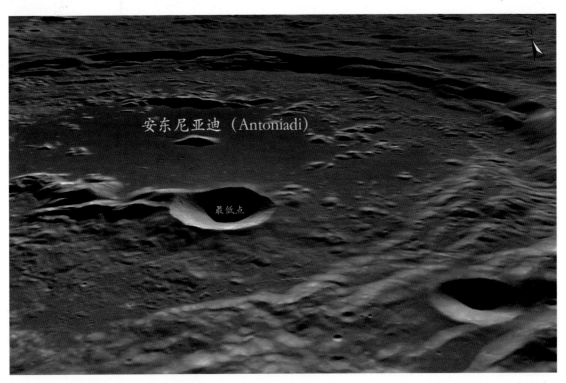

月球背面的最低点也在艾特肯盆地内

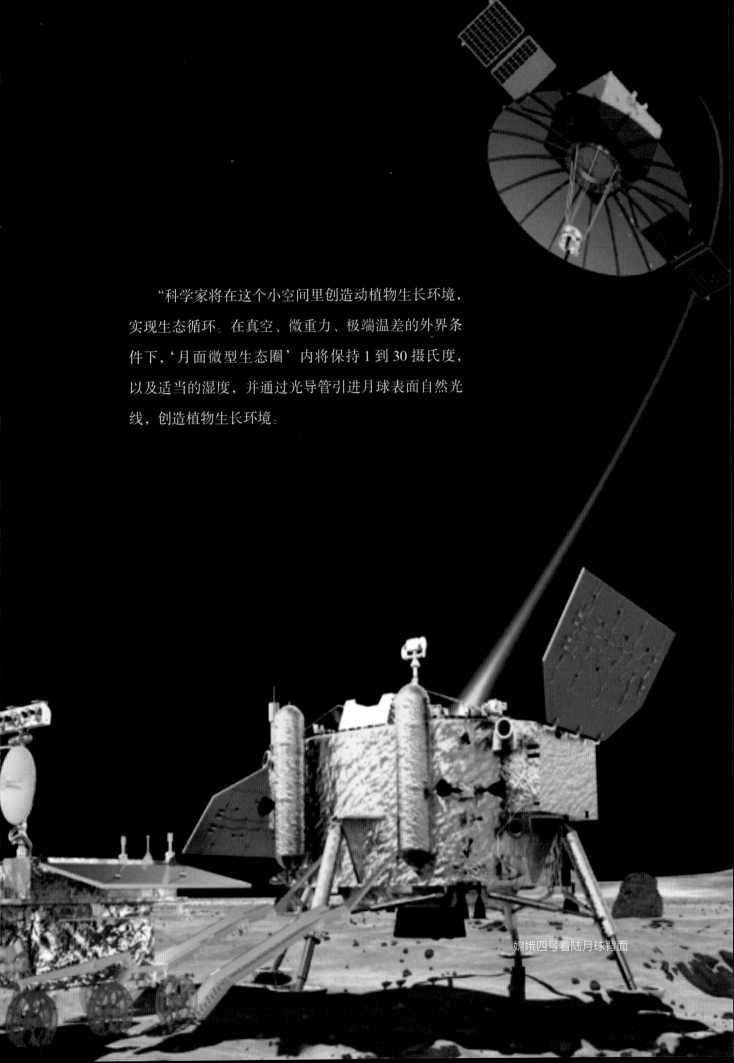

　　"科学家将在这个小空间里创造动植物生长环境，实现生态循环。在真空、微重力、极端温差的外界条件下，'月面微型生态圈'内将保持 1 到 30 摄氏度，以及适当的湿度，并通过光导管引进月球表面自然光线，创造植物生长环境。

嫦娥四号着陆月球背面

月面生态圈容器

"植物通过光合作用产生碳水化合物和氧气，供蚕'消费'；蚕的生长过程则产生出植物所需的二氧化碳和粪便等养料。在'月面微型生态圈'登月的100天里，它将实现微型生态循环。

"根据100天的实验期限，科学家们选定了马铃薯、拟南芥和蚕作为实验对象。两种植物将生根发芽，开出月球表面第一朵花。同时，马铃薯还可作为人类太空生存食物来源，其实验价值更加重大。蚕卵则将在生态圈中完成虫卵孵化、幼虫生长发育和破茧成蝶的完整生命周期。"

CHAPTER 7

第七章

嫦娥五号取样返回

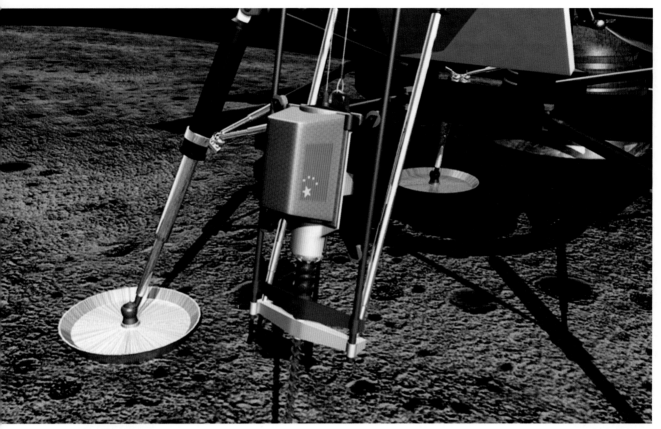

月面钻探

在 2019 年 1 月 14 日的国新办发布会上，国家航天局副局长、探月工程副总指挥吴艳华介绍，我国嫦娥五号月面采样返回任务将于 2019 年年底左右实施。受我的影响，两个孙女一直关注嫦娥探月的事情。在电视播发了这条消息后，又开始对嫦娥五号感兴趣了。1 月 18 日是周末，小姐俩又围着我，让我讲嫦娥五号的故事。

"爷爷，为什么要把月球的样品带回地球呢？嫦娥卫星上不是有探测仪器吗？"朵朵首先提出了问题。

"卫星上携带的仪器受重量的限制，一般都比较简单，不能做更精密的测量。而实验室的仪器可以做得非常复杂，能进行非常精密、准确的测量，可以获得更多的科学成果。因此，为了获得更多的关于月球起源和演变、矿物成分的信息，需要将重要的样品取回地球，用实验室的仪器进行分析、测量。"我告诉朵朵。

宇航员模拟月球取样

"那发射嫦娥五号是不是比以前的难度更大呀？"珠珠也提出了问题。

"那是肯定的，嫦娥又要到达表面，又要取样品，肯定难度大。"朵朵回答妹妹说。

"那你给我说说，到底难在哪？"妹妹又加了一句。

"这我可说不清楚，还是让爷爷给咱们讲吧。"朵朵说。

"好吧，我给你们说说嫦娥五号的四大难点。"我说。

样品送到上升级

"第一是自动取样和对样品的封装技术。我们的嫦娥五号月面取样，不是随便在月球表面取几块石头，而是选取最有科学价值的样品，特别是在月表以下的样品，所以需要用钻头对月表进行钻探，从不同的深度取出样品。把样品取出后，还要封装在密闭的容器中，避免回到地球时受到大气的污染。这些工作都是自动完成的，统共要取回2千克样品。你们看，这些过程够复杂的吧？"

上升级起飞

跳跃式和弹道－升力式控制相结合的方式

"是够难的，不用说机器人了，就是航天员上去操作，也不是那么容易的。"朵朵说。

"第二个困难是月面起飞技术，也就是说，当取样机器人取出样品后，要将这些样品放到着陆器的上升级。放好后，上升级携带的专用火箭点火、起飞，离开月球表面。"我接着说。

"那上升级能直接飞回地球吗？"珠珠问。

"上升级没那个本事，只能飞到环绕月球的轨道，与在轨道上飞行的嫦娥五号卫星交会对接。成功地对接后，将样品送到卫星中，然后上升级与嫦娥五号分离，留在了月球轨道。嫦娥五号再点燃火箭发动机，进入返回地球的轨道。"

"这个过程主要难点是什么？"珠珠问。

"这个过程的技术难度也相当大。尽管我们国家的神舟飞船已经与天宫实验室进行了多次轨道交会与对接，但那是发生在低地球轨道，离地面只有 300 多千米。在交会对接时，多座地面站和多艘远洋测控船可以向指挥控制中心实时报告两个航天器的准确位置。但月球距离地球大约 38 万千米，从这么远指挥嫦娥五号和上升级交会对接，难度可想而知。"爷爷接着说。

"实现了月面交会对接后，就大功告成了吧？"朵朵问。

"这时还不能说大功告成，还要面对最后一个技术难关，就是返回舱返回地面。"我说。

"咱们神舟飞船的返回舱不是多次成功地返回了地球吗，这还会有什么问题吗？"珠珠问。

"从月球返回与神舟飞船返回还有很大不同。因为从月球返回的飞行器进入地球大气层时，速度非常高，高达每秒钟 11 千米。如果以这个速度直接进入地球大气层，返回舱与大气发生剧烈摩擦，表面的温度可超过 10 000 摄氏度，你们看，什么材料能经受这么高的温度？"

"哇！这么高的温度啊，那钢铁都烧成水了！"朵朵惊讶地说。

待发的长征五号

"还有，除了返回舱遇到的高温外，过载加速度也非常大，可达到 16 个 g。这么大的过载加速度，返回舱很容易损坏。加速度这个词你们没有听说过，现在也没法跟你们解释清楚，因为到了高中才能了解这个词的意义。不过我可以打个比方，一个百米运动员，当他跑到终点时，会立刻停下来吗？"

"不会的，运动员会继续跑一段距离，慢慢停下来。"朵朵回答说。

"是的，如果用一条绳子硬把运动员拦住，运动员肯定感到不舒服，甚至会对他的内脏造成危害。所谓过载加速度大，就是相当于让一个速度非常高的物体，强行立刻停下来所造成的后果。"

"那有什么办法减小过载加速度呢？"珠珠问。

"科学家对这个问题已经有深入的研究，想出了许多办法，其中一种叫作跳跃式和弹道升力式控制相结合的方法，类似于我们平常说的打水漂。采用这种办法后，返回舱再一次进入大气层时，速度就降低很多了。"

"科学家真有办法，什么困难都难不住科学家。"珠珠说。

"我们常说，知识就是力量。做什么事情都离不开知识，所以你们小姐俩一定要努力学习。"我鼓励两个孙女。

"爷爷，您说您在海南亲眼看见了长征五号首次发射，能给我们讲讲'胖五'发射的情况吗？"朵朵说。

"好的，胖五就是准备用于发射嫦娥五号的运载火箭，2016 年 11 月 3 日在海南文昌卫星发射中心首次发射，爷爷有幸在现场观看了这次发射。

"爷爷所在的观看位置距离发射台大约 2.4 千米，可以用肉眼清楚地看到在发射台耸立的火箭。现场的观众非常多，大家坐在发射场准备的小板凳上，耐心地等待发射。

"当发射进入倒计时时，现场的观众不约而同地与广播一起喊起来：5，4，3，2，1！当火箭起飞后，全场欢呼跳跃，那种激动人心的场面只有亲临现场才能体会到。"

"爷爷，那嫦娥五号到底什么时候发射呀？"朵朵问。

"根据目前的情况，如果长征五号运载火箭在 2019 年 7 月的试飞中取得成功，嫦娥五号很可能在 2019 年底发射。"我回答说。

打水漂

"如果嫦娥五号取样返回任务成功，那咱们国家的嫦娥探月工程是不是就结束了？"珠珠问。

"应当说探月的三期工程完成了。接着，我们还有四期工程，无人月球科学实验室。不久，还会有载人登月工程。"我回答珠珠的问题。

"载人登月？咱们国家也要搞载人登月？这太好了！爷爷，咱们国家什么时候能开展载人登月啊？"朵朵非常激动地问道。

"目前，我国还没有正式制订载人登月的计划，但许多科学家早就提出了这个建议，爷爷也一直在研究载人登月的科学目标。据运载火箭研究院的专家介绍，我国可用于载人登月的超大型运载火箭长征九号计划于 2030 年前投入运行，由此推断，我国的载人登月不会晚于 2035 年。"我回答说。

"那太好了，若是中国的航天员登上了月球，嫦娥说不上多高兴呢！"珠珠眉飞色舞地说。

"爷爷，我还有一个问题，您对我们讲过，美国早在 1969 年就实现了载人登月，我们现在搞载人登月，与美国的登月有什么不同呢？"朵朵问。

月球基地的基本构成

美国毕格罗公司建议的充气式月球基地

"朵朵这个问题问得特别好，看来我孙女真有出息，遇事爱动脑筋了。"我夸奖起朵朵来。

"其实，朵朵方才问的问题，也正是爷爷多年来研究的问题。我在北大有一个研究团队，我们这个团队曾经向国家有关部门提供一份研究报告，专门谈中国载人登月的科学目标。我们最重要的成果主要有三点：一是要把载人登月与建立月球基地统筹考虑；二是航天员在月球上的主要任务不是收集样品，而是在月面开展多学科的科学实验；三是实现全月面着陆，也就是说，不光在月球正面着陆，还要根据科学考察的需要，到月球背面以及月球的极区着陆，这样才能获得更加丰富的科学成果。"我向孙女解释说。

"爷爷，我对您说的科学目标听不懂，但对建立月球基地感兴趣。什么是月球基地呀？月球基地有什么用处？月球基地是啥样子呀？"朵朵又提出了新问题。

"首先我要说，爷爷对你们能提出这些问题而感到非常高兴，因为这些问题都是非常重要的问题。"我夸奖孙女说。

"我可以举个例子，你们听说过咱们国家开展南极考察，并建立了好几个南极科考站吧？"

"听说过，咱们国家在南极有好几个科考站，我知道的有南极长城站和南极中山站。"

广寒宫内冷清清，唯有玉兔伴我行。
忽然飞船天上落，原是亲人到宫中。
从此嫦娥不寂寞，翩翩起舞伴英雄。
亲人科考我带路，盼君长久驻月宫。

嫦娥喜迎航天员

珠珠说。

"这种事情你怎么会记得呀？"我问珠珠。

"您忘了吗，去年您的学生从南极科学考察回来，还特地来家里地看望您，我是从你们的聊天中知道的。"珠珠得意地说。

"很好，我还可以加点儿补充。除了这两个站外，还有南极昆仑站和南极泰山站，以及在建的第五个科考站中国南极罗斯海新站。"我补充说。

"南极科考有非常重要的科学价值。如果我们在南极不建立科考站，每次乘船到那需要一个月左右的时间。到了以后，科考队员没有固定的居所，考察的时间也不会太长，科考的效果也会大打折扣。而对于载人登月来说，将航天员送到月球的成本相当高，根据美国的数据，将1千克有效载荷送入低地球轨道，就要2万美元，送到月球表面就是天价了。花了这么多钱，在那待上几天，带回几千克样品就回来，那也太不划算了，而且也做不了多少科学考察。所以，我们研究团队的一个基本观点认为，载人登月一定要与建立月球基地统筹考虑。航天员没到月球之前，就要通过货运飞船和机器人，为航天员的生活和科考活动做好准备，也就是说，先建立简单的基地。"我进一步解释说。

"建立月球基地是不是很难呀？"珠珠问。

"确实不是一件容易的事，但可以先易后难，逐步发展。比如开始时先建立可充气结构式的基地，或者像欧洲空间局建议的那样，采用成熟的3D打印技术，利用月壤资源，建立基地。随着技术的发展和经验的积累，再逐步建立高级的月球基地。"我回答说。

"爷爷，月球基地的概念是什么时候提出来的？"朵朵问。

用3D打印技术建立的月球基地

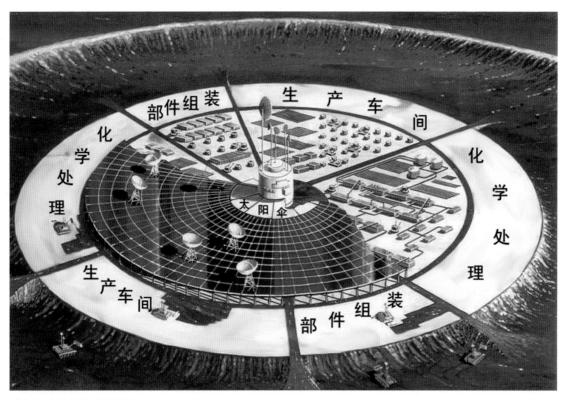

具有生产能力的大型基地

具有大片植物的基地

　　"月球基地概念已经有近百年的历史了，最早是由科学幻想作家在20世纪初提出的。英国行星学会（BIS）于1933年成立后，关注的主要问题是探索将人送到月球表面的方法，并首次提出了月球飞船的设想。BIS理事长甚至撰文写道，尽管月球的环境极端恶劣，但在那里建立一个前哨是可能的。在20世纪50年代，BIS会员发表了许多关于月球基地计划和发展的论文，涉及运载工具、月球基地结构、月球资源利用和在月球上耕种等许多方面。20世纪50年代末期，美国军方开始对月球基地感兴趣，并提出了'地平线计划'，深入、全面地阐述了月球基地的技术设计。按照这个计划，月球基地由10个分系统构成，其中3个是气闸舱。整个基地需要运送245吨材料和设备。基地所需的电源是4台功率分别为60千瓦、40千瓦、40千瓦和5千瓦的核反应堆。准备往月球运送12名航天员，先期到达的3名航天员的主要任务是研究月球表面环境、选择基地位置，在后面的9人到达后，用15天的时间建设营地。虽然'地平线计划'没有执行，但对月球基地的技术研究，为后来的阿波罗计划打下了基础。"我看孙女对这个问题有兴趣，就多说了几句。

建在南极陨石坑内的大型月球基地

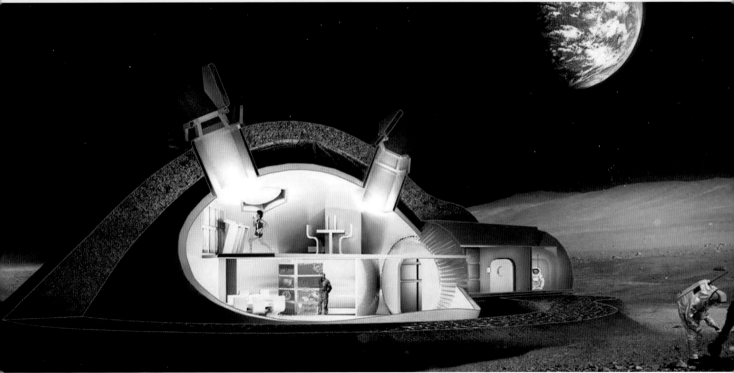

未来月球基地

未来月球基地

未来的中国月球基地

"你们看，未来的月球基地多诱人哪！但这不是短时间内可以实现的，需要一代一代人的不懈努力。你们一定要刻苦学习，掌握更多的知识，将来为祖国航天事业的发展做出自己的贡献。"我鼓励孙女说。

本书配有大量精美图片，主要选自美国国家航空航天局（NASA），喷气推进实验室（JPL）、欧洲空间局（ESA）等网站。作为科普读物，为了展示更多的天文景象，部分来自网络的图片没有注明出处，在此对这些网站表示衷心的感谢。